面向对象的C++

数据结构与算法实现

MIANXIANG DUIXIANG DE C++
SHUJU JIEGOU YU SUANFA SHIXIAN

韩 珂 著

内 容 提 要

本书以C++为描述语言，系统地分析讨论了面向对象的数据结构。全书共分8章，主要内容包括绪论，线性表的实现及应用，栈、队列及递归思想，串及模式匹配算法，树与二叉树及算法实现，图的结构及算法实现，查找的结构及算法实现，排序算法及方法选择等。

本书可供计算机及相近专业的学生及研究人员阅读使用，也可以供从事计算机软件开发和工程应用的人员参考。

图书在版编目（CIP）数据

面向对象的C++数据结构与算法实现 / 韩珂著. -- 北京 : 中国水利水电出版社, 2014.9（2022.9重印）
ISBN 978-7-5170-2413-2

Ⅰ. ①面… Ⅱ. ①韩… Ⅲ. ①C语言—程序设计②数据结构③算法分析 Ⅳ. ①TP312②TP311.12

中国版本图书馆CIP数据核字(2014)第199689号

策划编辑：杨庆川　责任编辑：杨元泓　封面设计：崔　蕾

书　　名	面向对象的C++数据结构与算法实现
作　　者	韩珂　著
出版发行	中国水利水电出版社
	(北京市海淀区玉渊潭南路1号D座 100038)
	网址：www.waterpub.com.cn
	E-mail：mchannel@263.net(万水)
	sales@mwr.gov.cn
	电话：(010)68545888(营销中心)、82562819（万水）
经　　售	北京科水图书销售有限公司
	电话：(010)63202643、68545874
	全国各地新华书店和相关出版物销售网点
排　　版	北京鑫海胜蓝数码科技有限公司
印　　刷	天津光之彩印刷有限公司
规　　格	170mm×240mm　16开本　15.5印张　194千字
版　　次	2015年4月第1版　2022年9月第2次印刷
印　　数	2001-3001册
定　　价	46.00元

前 言

计算机已经成为现代社会不可缺少的基本工具,近年来,计算机科学的发展日新月异,其应用深入到了人类社会的各个领域,取得了辉煌的成果,改变了而且继续改变着人们的生活。

作为计算机程序的重要组成部分,数据结构和算法实现一直是计算机领域关注的焦点之一。要从事与计算机技术尤其是应用技术相关的工作与研究,就必须具备坚实的数据结构基础,所以相关工作人员必须学会研究计算机所要加工和处理的数据的特征,掌握组织数据、存储数据和处理数据的基本方法,并能根据实际情况合理地选择数据结构和相应的算法。另外,面向对象的软件分析与设计技术是当今软件开发的主流方法,不仅如此,面向对象技术更是一种对真实世界进行抽象分析的重要思维方式,深刻理解这门技术,对于软件的开发应用以及计算机科学的发展意义重大。C++是一种支持面向对象的程序设计语言,不但实现了面向对象的程序设计要求,而且还继承了 C 语言的全部优点,是软件开发的有力工具,本书采用 C++作为数据结构的描述语言。

在内容上,全书共分 8 章。主要内容包括绪论,线性表的实现及应用,栈、队列及递归思想,串及模式匹配算法,树与二叉树及算法实现,图的结构及算法实现,查找的结构及算法实现,排序算法及方法选择等。本书集先进性、科学性和实用性为一体,内容丰富、图文并茂、叙述简洁明了、可读性强,由浅入深、衔接自然、逻辑性强。

本书是作者在参考大量著作文献的基础上,结合自身多年的教学与研究经验撰写而成的,在此,向所参考文献的作者表示真诚的感谢。另外，在撰写本书的过程中，得到了多位专家的指导和帮助，在此，同样致以真挚的感谢。限于作者水平，虽经多次修改，书中不免有不完善之处，希望同行学者和广大读者批评指正。

作　者
2014 年 6 月

目　录

第1章 绪论

随着计算机应用技术的飞速发展,计算机在人类社会的各个领域都扮演着越来越重要的角色,数据结构被称为是计算机科学的两大支柱之一,因此,要深刻了解计算机技术,就必须深入研究数据结构。目前随着计算机技术的迅速发展,计算机的运算速度已越来越快,但是这样的速度仍然跟不上人们解决实际问题的需求和数据量爆炸性的增长速度。所以程序的高效性不仅仅体现在编程技巧上,更重要的是基于合理、有效的数据组织和正确、优秀的算法。对于程序开发人员而言,掌握了程序的设计方法和技巧的同时还需要具有合理组织和安排数据的能力,才能设计出高效的程序。目前人们已在前人研究和实践的基础上总结出许多有效的数据存储结构和算法。本章我们就来分析讨论数据结构和算法。

1.1 数据结构的基本概念

1.1.1 数据结构的起源与地位

起初,人们使用计算机的主要目的是处理数值计算问题。使用计算机解决具体问题的一般步骤为过从具体问题抽象出适当的数学模型;设计或选择解决此数学模型的算法;编写程序并进行调试、测试;得出最终的解。由于最初涉及的运算对象是简单的整型、实型或布尔型数据,所以程序设计者的主要精力集中于程序设计的技巧上,而无须重视数据结构。随着计算机应用领域的扩大和软硬件的发展,非数值计算问题显得越来越重要。

这类问题涉及的数据结构更为复杂,数据元素之间的相互关系一般无法用数学方程式加以描述。因此,解决这类问题的关键不再是数学分析和计算方法,而是要设计出合适的数据结构。

美国计算机科学家 Donald Ervin Knuth 首次提出了数据结构和算法的概念,并在他所著的《计算机程序设计艺术第1卷基本算法》中首次较系统地阐述了数据的逻辑结构、存储结构及其操作。随后,数据结构越来越得到人们的重视,结构化程序设计逐渐成为当时程序设计的主流方法。著名的瑞士计算机科学家沃思(N. Wirth)教授曾提出:

算法+数据结构=程序

程序设计的实质是对实际问题设计、选择好的数据结构和好的算法,而好的算法在很大程度上取决于描述实际问题的数据结构。接下来,我们先看一个具体实例。

例1.1　一个典型的学校行政机构如图1-1所示,这是一个层次结构。顶层结点“学校”代表整个系统,它的下一层结点代表这个系统的各个子系统,即部处与学院。再下一层结点代表更小的机构,如教务科、计算机系等,直到最底层一个小组或一个教研室等。在该图中,每一个结点代表一个数据元素,每一个结点的下面可能有多个结点。这样的一种结构称为层次型数据结构。

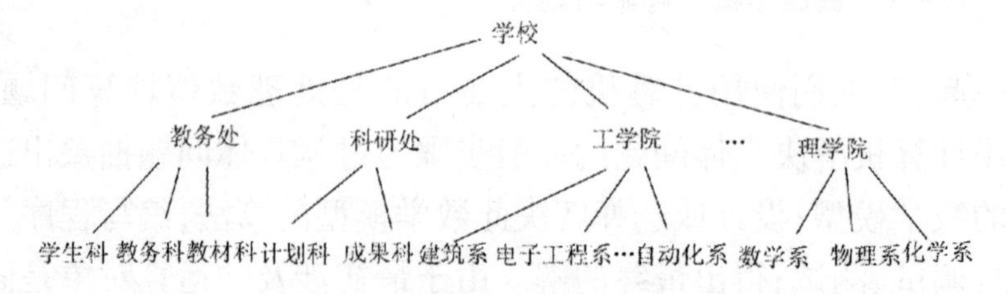

图1-1　学校机构的“树结构”

在各种应用程序中会涉及各种各样的数据,为了组织它们、存储它们,并且能对它们进行操作,就要考虑它们的归类以及它们之间的关系。然而,这些问题的数学模型不再是数学方程,我们需要建立相应的数据结构,并依此实现所要求的功能。例1.1中的结构为树结构,日常生活中我们还会遇到如表、图、集合之类的数据结构。

作为计算机科学的一门分支学科,数据结构主要研究非数值计算的程序设计问题中计算机的操作对象、对象之间的关系和操作等。为了编写出“好”的程序,必须分析待处理对象的特性及各对象之间的关系。

如表1-1所示,列出了数据结构的内容体系,包括3个层次的5个“要素”。其中,3个层次分别为抽象、实现与评价。通过抽象,舍弃数据元素的具体内容,就得到逻辑结构表示,通过分解将处理要求划分成各种功能,再通过抽象舍弃实现细节,就得到基本操作的定义。上述两个方面的结合将问题变换为数据结构,这是一个从具体问题到数据结构的过程,即从具体到抽象的过程。最后,通过增加对实现细节的考虑进一步得到存储结构和实现运算,从而完成设计任务,而这是一个从数据结构到具体实现的过程,即抽象到具体的过程。

表1-1 数据结构的内容体系

层次＼方面	数据表示	数据处理
抽象	逻辑结构	基本操作
实现	存储结构	算法
评价	数据结构比较及算法分析	

针对要处理的问题,设计最有利于操作系统处理的数据结构时需考虑下列因素:

①数据的数量。

②数据的使用次数和方式。

③数据的性质是动态的还是静态的。

④数据结构化后需要多大的存储空间。

⑤存取结构化后的数据所需花费的时间。

⑥是否容易程序化。

数据结构已经成为计算机科学及其相关领域的重要基础，它与数学、计算机硬件和计算机软件之间有着密切的关系。在计算机科学中，数据结构不仅是一般程序设计的基础，而且是设计和实现编译程序、操作系统以及数据库系统等大型程序的基础。无论是系统软件还是应用软件都要用到各种类型的数据结构。如图1-2所示，表示的是数据结构在计算机领域的地位。深刻理解和研究数据结构，对计算机科学的发展意义重大。[①]

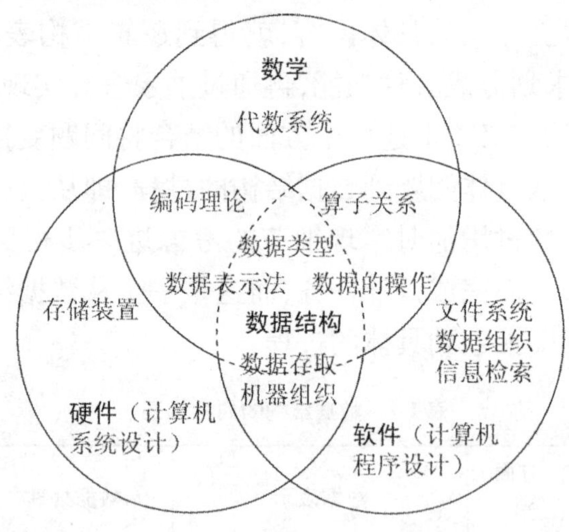

图1-2　数据结构的地位

① 余腊生. 数据结构：基于C++模板类的实现. 北京：人民邮电出版社，2008

1.1.2 数据结构的基本概念和常用术语

1. 数据结构研究的内容

(1)数据(data)

数据是指能够输入到计算机中,并被计算机识别和处理的符号的集合。

例如:数字、字母、汉字、图形、图像、声音都称为数据。

(2)数据元素(data element)

数据元素是组成数据的基本单位。

数据元素是一个数据整体中相对独立的单位。但它还可以分割成若干个具有不同属性的项(字段),故不是组成数据的最小单位。

(3)数据对象(data object)

是性质相同的数据元素组成的集合,是数据的一个子集。

例如,整数数据对象的集合可表示为

$$N = \{0, \pm 1, \pm 2, \cdots\}$$

字母字符数据对象的集合可表示为

$$C = \{'A',' B'\cdots,' Z'\}$$

(4)结构

结构指的是数据元素之间的相互关系,即数据的组织形式。

(5)结点

结构中的数据元素称为结点。

(6)数据结构

对数据结构的概念,至今还没有一个标准的定义,所以只能从研究的领域来理解数据结构。数据结构是指带有结构的数据元素的集合,描述的是数据之间的相互关系,即数据的组织形式。数据结构一般包括以下三个方面的内容:

①数据元素之间的逻辑关系,也称为数据的逻辑结构。

②数据元素及其关系在计算机存储器内的表示,称为数据

的存储结构。

③数据的运算,即对数据施加的操作。

2. 数据的逻辑结构

数据的逻辑结构是从逻辑关系上描述数据的,它与数据元素的存储结构无关,是独立于计算机的。因此,数据的逻辑结构可以看作是从具体问题抽象出来的数学模型。

一个数据结构具有两个要素,一个是数据元素的集合,另一个是关系的集合。因此在形式上数据结构可以采用一个二元组来表示。数据结构的形式定义为

$$\text{数据结构} = (D, R)$$

其中,D 是数据元素的有限集合,R 是 D 上关系的有限集合。

例如,复数可被定义为一种数据结构

$$\text{Complex} = (D, R)$$

其中,$D = \{x | x \text{ 是实数}\}$,$R = \{ <x, y>) | x, y \in D$,$x$ 称为实部,y 称为虚部。

根据数据元素之间关系的不同特性,通常有下列 4 类基本结构,如图 1-3 所示。

(1)集合结构。其中所有的数据元素都属于同一个集合。集合是元素关系极为松散的一种结构,因此也可用其他结构来表示。

(2)线性结构。数据元素之间存在一对一的关系。

(3)树形结构。数据元素之间存在一对多的关系。

(4)图形结构。数据元素之间存在多对多的关系。图形结构也称作网状结构。

数据的逻辑结构描述数据元素之间的逻辑关系,分为线性结构和非线性结构。

①线性结构的逻辑特征。若结构是非空集,则有且仅有一个首元素结点和一个尾元素结点,并且所有结点都最多只有一个直接前驱和一个直接后继。

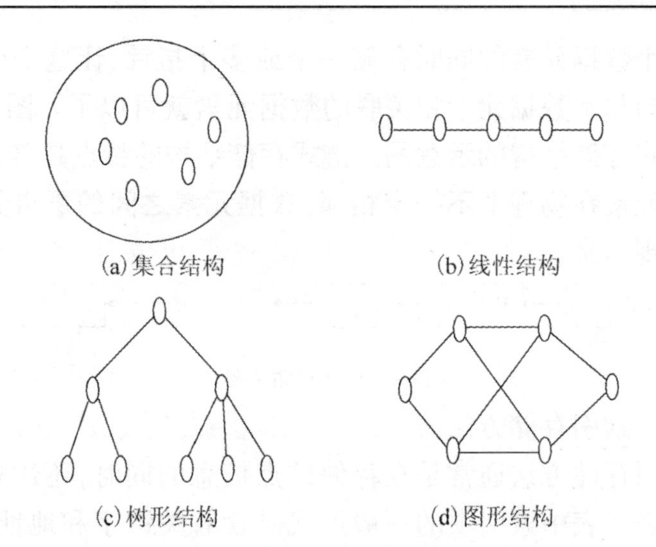

图 1-3 4 类基本结构

例如,线性表、栈、队列和串等都是线性结构。

②非线性结构的逻辑特征。一个结点可能有多个直接前驱和直接后继。

例如,数组、广义表、树和图等都是非线性结构。

3. 数据的存储结构

数据的存储结构是逻辑结构用计算机语言的实现(亦称为映像),它是依赖于计算机语言的。数据的存储结构可以用以下 4 种基本的存储方法实现。

(1)顺序存储方法

顺序存储方法是把逻辑上相邻的结点存储在物理位置相邻的存储单元里。由此得到的存储结构称为顺序存储结构。这通常是借助于程序设计语言的数据类型描述的。该方法主要应用于线性数据结构,非线性数据结构也可通过某种线性化的方法来实现顺序存储。

(2)链式存储方法

在这种存储结构中,数据元素之间的逻辑关系由附加的指针来表示。因此,对数据元素的具体存放位置没有限制,只要在存放一个数据元素的同时存储一个或多个指针,让这个或这些指针指向与本数据元素相关联的数据元素就可以了。图1-4给出了链式存储结构的示意图。链式存储结构的特点是链上相邻的数据元素在物理上不一定相邻,数据元素之间的逻辑关系由指针表现出来。

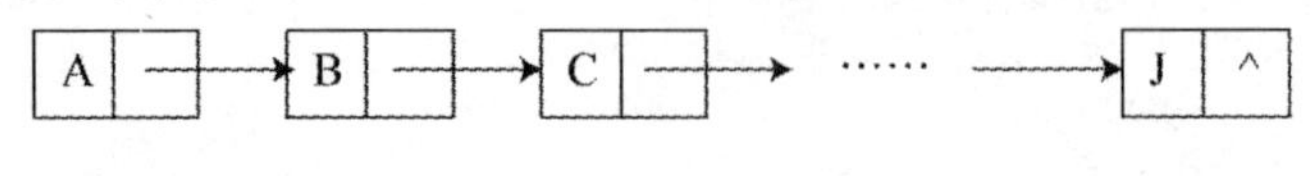

图1-4 链式存储结构

(3)索引存储方法

索引存储方法通常是在存储结点信息的同时,还建立附加的索引表。表中索引项的一般形式是含有关键字和地址,关键字是能唯一标识一个结点的数据项。

(4)散列存储方法

散列存储结构又称为哈希结构,这种存储结构的本质是将数据元素的关键字带到散列函数中,通过计算得到其存储的地址。也就是说,通过散列函数在数据元素与其存储地址之间建立起直接的联系。

同一种逻辑结构采用不同的存储方法,可以得到不同的存储结构。选择何种存储结构来表示相应的逻辑结构,要视具体的应用系统要求而定,而主要考虑的还是运算方便及算法的时间和空间上的要求。

无论怎样定义数据结构,都应该将数据的逻辑结构、数据的存储结构及数据的运算这三方面看成一个整体。因此,存储结构是数据结构不可缺少的一个方面。

4. 运算

如果说数据的逻辑结构描述了数据的静态特性,那么在数据的逻辑结构上定义的一组运算给出了数据被使用的方式,即数据的动态特性。使用数据结构上定义的运算,用户可对数据结构的实例或组成实例的数据元素实施相应的操作。运算的结果可使数据改变状态。如果一个数据结构一旦创建,其结构不发生改变,则称为静态数据结构,否则称为动态数据结构。

数据结构的最常见的运算有:

①创建运算。创建一个数据结构。

②清除运算。删除数据结构中的全部元素。

③插入运算。在数据结构中插入一个新元素。

④删除运算。将数据结构中的某个指定元素删除。

⑤搜索运算。在数据结构中搜索满足一定条件的元素。

⑥更新运算。修改数据结构中某个指定元素的值。

⑦访问运算。访问数据结构中某个元素。

⑧遍历运算。按照某种次序,系统地访问数据结构的各元素,使得每个元素恰好被访问一次。

请注意,在上面的讨论中,我们一般不明确区分数据结构和它的实例。例如,我们称创建一个数据结构,很显然是指创建某种数据结构的一个实例。

5. 数据类型

在早先的高级程序语言中都有数据类型的概念。数据类型是一组性质相同的值的集合以及定义在这个集合上的一组操作的总称。

前面我们已经提到“算法 + 数据结构 = 程序”。在早先的高级程序语言中,数据结构是通过数据类型来描述的。数据类型用于刻画操作对象的特性。每个变量、常量和表达式都属于一个确定的数据类型,例如整型、实型、字符型等,这些数据类型规定了数据可能取值的范围以及允许进行的操作。例如,C++语言中的整数类型,就给出了一个整型量的取值范围(依赖于不同的机器或编译系统),定义了对整型量可施加的加、减、乘、除和取模等算术运算。

在高级程序语言中,数据类型分为如下两种:

①基本类型,如整型、实型、字符型等,其取值范围和允许的

操作都是由系统预先规定的。

②组合类型,它由一些基本类型组合构造而成,如记录、数组、结构等。

基本数据类型通常是由程序语言直接提供的,而组合类型则由用户借助程序语言提供的描述机制自己定义。这些数据类型都可以看成是程序设计语言已实现了的数据结构。

6. 抽象数据类型

抽象数据类型(ADT)是指基于一个逻辑概念上的类型以及在这个类型上的一组操作。抽象数据类型主要是由于引入了面向对象的程序设计而提出的一种理论。抽象数据类型包含了一般数据类型的概念,但比一般的数据类型更广、更抽象。抽象数据类型与一般数据类型的不同之处在于与任一高级语言无关,其只考虑数据间的逻辑结构,不考虑具体存储结构和操作的具体实现,所以其带动了计算机语言的发展,而不是由计算机语言带动数据结构的发展。[①]

抽象数据类型的特征有:

①数据抽象。强调本质的特征、功能和与外部的接口。

②数据封装。外部特征和其内部实现的细节分离,并且对外部用户隐藏其内部细节。

抽象数据类型的描述格式为:

ADT 抽象数据类型名{

数据对象:<数据对象的定义>

数据关系:<数据关系的定义>

基本操作:<基本操作的定义>

}ADT 抽象数据类型名。

数据对象和数据关系的定义可以用伪码描述。

数据基本操作的定义格式:

---

① 许乐平. 数据结构: C++描述. 北京:中央广播电视大学出版社,2006

基本操作名(参数表)

初始条件:<初始条件描述>

操作结果:<操作结果描述>

1.2 算法及算法分析

1.2.1 算法的基本概念

研究数据结构的目的在于更好地进行程序设计,而程序设计离不开数据的运算,通常将这种运算的过程(或解题的方法)称为算法。算法是对问题求解步骤的一种描述,数据的运算是通过算法描述的。通俗地说,一个算法就是一种解题的方法。更严格地说,算法是由若干条指令组成的有穷序列,其中每条指令表示一个或多个操作。它必须满足以下五个准则。

①输入。算法开始前必须对算法中用到的变量初始化。一个算法的输入可以包含零个或多个数据。

②输出。算法至少有一个或多个输出。

③有穷性。算法中每一条指令的执行次数是有限的,即算法必须在执行有限步之后结束。

④确定性。算法中每一条指令的含义都必须明确,无二义性。

⑤可行性。算法是可行的,即算法中描述的操作都可以通过有限次的基本运算来实现。

因此,一个程序如果对任何输入都不会陷入无限循环,则它就是一个算法。

算法的含义与程序十分相似,但又有区别。算法具有有穷性,这意味着不是所有的计算机程序都是算法。操作系统是一个程序,但不是一个算法,只要整个系统不遭破坏,它将永远不会停止,即使没有作业需要处理,它仍处于动态等待中。但是,我们可以把操作系统的各种任务看成是一些单独的问题,每一个问题由一部分操作系统程序通过特定的算法来实现,只要得到输出结果后便会终止。另一方面,程序中的指令必须是机器可执行的,而算法中的指令则无此限制。算法代表了对问题的求解,而程序则是算法在计算机上的特定的实现。用具体的程序设计语言来描述,则它就是一个程序。要设计一个好的算法通常要考虑以下要求。

(1)正确性

算法应当满足以特定的“规格说明”方式给出的需求。对算法是否“正确”的理解,可以有以下4个层次:

①不含语法错误。

②对于几组普通的输入数据能够得出满足要求的结果。

③对于精心选择且典型的若干组输入数据能够得出满足要求的结果。

④对于一切合法的输入数据都能得出满足要求的结果。

通常以上面第3层意义的正确性作为衡量一个算法是否正确的标准。

(2)可读性

算法主要是为了人的阅读与交流,其次才是为计算机执行,因此算法应该易于人的理解。可以通过添加注释、有意义的标识符命名、添加空行、缩进式代码控制结构、配套文档等手段提高算法的可读性。

(3)健壮性

当输入非法数据时,算法应该恰当地作出反应或进行相应处理,而不是产生莫名其妙的输出结果或其他异常情况。对于出错的处理不应是中断程序的执行,而应是返回一个表示错误或错误性质的值,以便在更高的抽象层次上进行处理。

一般来讲,对于每个算法,应全面考察其前置条件、用户输入的有效性、处理过程中的合理性与规范性以及友好的人机交互等方面,加强算法的健壮性。

(4)高效率与低存储量需求

通常,效率指的是算法执行时间,存储量指的是算法执行过程中所需的最大存储空间。两者都与问题的规模有关。

一个算法可用自然语言、数学语言或约定的符号语言来描述,如类 Pascal 语言、类 C 语言和 C++ 语言等描述方法。目前流行的是使用类 C 语言和 C++ 语言描述算法。类 C 语言类似于 C 语言,但不完全是 C 语言。类 C 语言借助于 C 语言的语法结构,附之以自然语言的叙述,使得用它编写的算法既具有良好的结构,又不拘泥于具体程序语言的某些细节。虽然类 C 语言使得算法易读易写,但 C 语言没有类,所以还必须自己用 C 语言去实现,这也给应用和研究带来了不便。C++ 语言不仅支持类,而且具有类模板,这就使描述更加接近自然语言。

1.2.2 算法分析

可以用一个算法的时间复杂度与空间复杂度来评价算法性能的优劣。

当一个算法被转换成程序在计算机上执行时,许多因素都会影响程序的运行时间。有些因素与程序的编译和运行环境有关,这些因素包括计算机主频、总线和外部设备等。但编程时使用的语言和编译系统生成的机器代码的质量以及编程人员用程序实现算法的效率也会在很大程度上影响运行速度。然而,这些因素与所用算法或数据结构无关。

为了测试算法的性能,同一个问题的不同算法所对应的程序,应该在同样的条件下用同一个编译器编译,在同一台计算机上运行,并且,两次编程所花费的精力也应该尽可能相等。在此前提下,上面提到的因素就不会对结果产生影响,因而可以测量出每个算法所需的时间性能和空间性能,这种算法度量方法称为算法测量。

显然,在上述因素都不能确定的情况下,很难比较出算法的执行时间。也就是说,使用算法的绝对时间来衡量算法的效率是不合适的。为此,将上述与计算机相关的软硬件因素都确定下来,使一个特定算法的运行性能只依赖于问题的规模(用正整数 n 表示)和算法所使用的策略,或者说它是问题规模的函数,这种算法度量方法称为算法分析。

1. 算法的时间复杂度

一个程序的时间复杂度是程序运行从开始到结束所需的时间。

程序的一次运行是针对所求解问题的某一特定实例而言的。例如,求解排序问题的排序算法的每次执行是对一组特定个数的元素进行排序。对该组元素的排序是排序问题的一个实例。元素个数可视为该实例的特征,它直接影响排序算法的执行时间和所需的存储空间。因此,判断算法性能的一个基本考虑的特征是问题实例的规模。规模一般是指输入量(有时也涉及输出量)。

程序的运行时间与实例的特征有关。使用相同的排序算法对100个元素进行排序与对10000个元素进行排序所需的时间显然是不同的。当然,算法自身的好坏直接影响程序所需的运行时间。不同的排序算法对同一组元素(即相同的实例)进行排序,程序运行的时间一般是不相同的。

程序的运行时间不仅与问题实例的特征和算法自身的优劣有关,还与运行程序的计算机软硬件环境相关。它依赖于编译程序所产生的目标代码的效率,以及运行程序的计算机的速度及其运行环境。一般来说,我们希望能对算法(程序)作事前分析,排除程序运行环境的因素来讨论算法的时间效率。当然这不是程序运行时间的实际值,而是算法运行时间的一种事前估计。算法的事后测试是实际运行程序,测试一个程序在所选择的输入数据下运行而实际需要的时间。

为了实施算法的事前分析,通常使用程序步的概念。

一个程序步是指在语法上或语义上有意义的程序段,该程序段的执行时间与问题实例的特征无关。我们以下面求一个数组元素的累加之和的程序(程序1.1)为例,来说明如何计算一个程序的程序步数。其中 n 个元素存放在数组 list 中,Count 是全局变量,用来计算程序步数。程序中,语句“Count ++;”与数组求和的算法无关,只是为了计算程序步而添加的。去掉所有此语句,便是数组求和程序。可以看到,这里被计算的每一程序步均与问题实例的规模 n (数组元素的个数)无关。该程序的程序步数为 $2n+3$。

求数组元素累加之和的迭代程序如下:

```
float Sum(float list[ ], const int n)
{
    Float tempsum =0.0;
    Count ++;                    //针对赋值语句
    for(inti =0;  i<n;  i ++){
        count ++;                    //针对 for 循环语句
        tempsum + = list[i];
        count ++;                    //针对赋值语句
    }
    Count ++;                    //针对 for 的最后一次执行
    Count ++;                    //针对 return 语句
    Return tempsum;
}
```

还可以将求数组元素之和写成递归程序(本书第三章将对递归思想进行详细分析)。

求数组元素累加之和的递归程序如下:

```
float RSum(float list[ ]tconst intn)
{
```

```
        count ++;            //针对 if 条件
        if (n){
            Count ++;        //针对 Rsum 调用和 return 语句
            return RSum(list,n - 1) + list[n - 1];
    }
    count ++;                //针对 return 语句
    return 0;
    }
```

为了确定这一递归程序的程序步,首先考虑当 $n=0$ 时的情况。很明显,当 $n=0$ 时,执行 if 条件语句和第二句 return 语句,所需的程序步数为2。当 $n>0$ 时,执行 if 条件语句和第一句 return 语句。

设程序 RSum 的程序步为 $T(n)$,则有

$$T(n)=\begin{cases}2, & n=0\\ 2+T(n-1), & n>0\end{cases}$$

这是一个递推公式,可以通过下面的方式计算

$$\begin{aligned}T(n)&=2+T(n-1)\\&=2+2+T(n-2)\\&=2+2++2+T(n-3)\\&=2\times 3+T(n-3)\\&=\cdots\\&=2\times n+T(0)\\&=2\times n+2\end{aligned}$$

同样可以移去程序 RSum 中的所有的 Count ++ 语句,便是数组求和的递归程序。

虽然计算所得到的程序 RSum 的程序步为 $2\times n+2$,少于程序 Sum 的程序步 $2\times n+3$,但这并不意味着前者比后者快。请注意两者使用的程序步是不同的。return tempsum; 与 return RSum(1ist,n - 1) + list[n - 1];的时间开销显然是不同的。

鉴于对算法的事前分析的需要,引入了程序步的概念。正如我们看到的,不同的程序步在计算机上的实际执行时间通常是不同的,程序步数并不能确切反映程序运行的实际时间。而且,事实上一个程序的一次执行所需的程序步的精确计算往往也是困难的。那么,引入程序步的意义何在?下面定义的渐近时间复杂度使我们有望使用程序步在数量级上估计一个程序的执行时间,从而实现算法的事前分析。

设$f(n)$和$g(n)$是定义在正整数上的正函数,如果存在两个正常数c和n_0,使得当$n \geqslant n_0$时,有$f(n) \leqslant cg(n)$,则记作$f(n) \leqslant O(g(n))$。

大O记号用以表达一个算法运行时间的上界。当我们说一个算法具有$O(g(n))$的运行时间时,是指该算法在计算机上的实际运行时间不会超过$g(n)$的某个常数倍。使用大O记号表示的算法的时间复杂度,称为算法的渐近时间复杂度。渐近时间复杂度也常简称为时间复杂度。通常用$O(1)$表示常数计算时间,即算法只需执行有限个程序步。

如果取$n_0 = 1$,当$n \geqslant n_0$时,有

$$\begin{aligned} f(n) &= a_m n^m + a_{m-1} n^{m-1} + \cdots + a_1 n + a_0 \\ &\leqslant |a_m| n^m + |a_{m-1}| n^{m-1} + \cdots + |a_1| n + |a_0| \\ &\leqslant \left(|a_m| + \frac{|a_{m-1}|}{n} + \cdots + \frac{|a_1|}{n^{m-1}} + \frac{|a_0|}{n^m} \right) n^m \\ &\leqslant (|a_m| + |a_{m-1}| + \cdots + |a_1| + |a_0|) n^m \end{aligned}$$

在这里,我们选择$c = |a_m| + |a_{m-1}| + \cdots + |a_1| + |a_0|$,便可以得出如下结论:

如果$f(n) = a_m n^m + a_{m-1} n^{m-1} + \cdots + a_1 n + a_0$是$m$次多项式,则$f(n) = O(n^m)$。

很多情况下,可以通过考察一个程序中的关键操作(关键操作被认为是一个程序步)的执行次数来计算算法的渐近时间复杂度。有时也需要同时考虑几个关键操作,以反映算法的执

行时间。例如程序1.1中,语句 tempsum + = list[i];可认为是关键操作,它的执行次数为 n,由此得到的渐近时间复杂度也是 $O(n)$。

接下来,我们再看如下程序:

```
for(i =0;i < n;i ++)    //n +1
    for(j =0;j < n;j ++){    //n(n +1)
        c[i][j] =0;        //n^2
        for(k =0;k < n;k ++)    //n^2(n +1)
            c[i][j] + =a[i][k] * b[k][j];//n^3
    }
```

改程序是实现两个 $n \times n$ 矩阵相乘的程序段,每行的最右边表明该行语句执行的次数,我们将它们视为程序步。整个程序中所有语句的执行次数为

$$T(n) = 2n^3 + 3n^2 + 2n + 1$$

语句

c[i][j] + =a[i][k] * b[k][j]

可看成关键操作。它的执行次数是 n^3。所以,算法的渐近时间复杂度为 $O(n^3)$。

对于某些算法,即使问题实例的规模相同,如果输人数据不同,算法所需的时间开销也会不同。例如,在一个有 n 个元素的数组中找一个给定的元素,从第一个元素开始一次检查一个数组元素。如果待查的元素是第一个元素,则所需的查找时间最短,这就是所谓的算法的最好情况。如果待查的元素是最后一个元素,则是算法的最坏情况。如果需要多次在数组中查找元素,并且假定以某种概率查找每个数组元素。最典型的是以相等的概率查找每个数组元素,这种情况下,就会发现程序需平均检索约 $n/2$ 个元素,我们称之为算法时间代价的平均情况。①

① 陈慧楠. 数据结构:使用C++语言描述(第2版). 北京:人民邮电出版社,2008

对于算法的三种情况，存在三种时间复杂度，即最好情况、最坏情况和平均情况时间复杂度。在三种情况下，都有它们的渐近时间复杂度表示。前面程序的例子对于三种情况的时间复杂度都是一样的。

2. 空间复杂度

算法的空间复杂度是指运行一个算法所需的内存大小。

算法所需要的空间主要由以下几部分构成。

(1)指令空间(instruction space)

指令空间是指用来存储编译之后的算法指令的空间。算法所需的指令空间的数量取决于把算法编译成机器代码的编译器、编译时实际采用的编译器选项以及目标计算机的配置

(2)数据空间(data space)

数据空间是指用来存储所有常量和所有变量值的空间，包括存储常量(如数0、1和4)和简单变量(如变量a、b和c)所需要的空间；存储复合变量(如数组a)所需要的空间，包括数据结构所需的空间及动态分配的空间。

(3)环境栈空间(environment stack space)

环境栈空间用来保存函数调用返回时恢复运行所需要的信息。例如，如果函数fun1调用了函数fun2，那么至少必须保存fun2结束后fun1将要继续执行的指令的地址、函数被调用时所有局部变量的值以及传值形式参数的值。

研究算法的空间复杂度有如下几个主要原因。

①若算法在一个多用户计算机系统中运行，可能要指明分配给该算法的内存大小。

②对任何一个计算机系统，需提前知道是否有足够可用的内存来运行该算法。

③一个问题可能有若干个内存需求各不相同的解决方案。比如，编译器A仅需要1Mb的空间，而编译器B可能需要4Mb的空间。如果编译器B的性能与编译器A的性能相差无几，即

使计算机中有足够的内存,也应尽量使用编译器A。

④可以利用空间复杂度来估算算法所能解决的问题的最大规模。例如,有一个电路模拟算法,用它模拟一个有c个元件、m个连线的电路需要280kb + 10($c+m$)kb的内存。如果可利用的内存总量为640kb,那么最大可以模拟$c+m\leq 36$kb的电路。

程序运行所需的存储空间包括两部分。

(1)固定部分。这部分空间与所处理数据的大小和个数无关,或者称与问题的实例的特征无关,主要包括程序代码、常量、简单变量、定长成分的结构变量所占的空间。

(2)可变部分。这部分空间大小与算法在某次执行中处理的特定数据的大小和规模有关。例如,分别为100个元素的两个数组相加,与分别为10个元素的两个数组相加,所需的存储空间显然是不同的。这部分存储空间包括数据元素所占的空间,以及算法执行所需的额外空间,如递归、栈所用的空间。

任意算法尸所需要的空间$S(P)$可以表示为:

$$S(P)=c+Sp\text{ (实例特征)}$$

其中c是一个常量,表示固定部分所需要的空间,Sp表示可变部分所需要的空间。一个精确的分析还应该包括编译期间产生的临时变量所需要的空间,这种空间是与编译器直接相关的,除依赖于递归函数外,它还依赖于实例的特征。

在分析算法的空间复杂度时,我们将把注意力集中在估算Sp上。对于任意给定的问题,首先需要确定实例的特征以便于估算空间需求。实例特征的选择是一个很具体的问题。

若输入数据所占空间只取决于问题本身,且与算法无关,则只需要分析除输入和算法之外的额外空间。

第2章　线性表的实现及应用

最简单、最基本、最常用的一种线性结构就是线性表。在线性表的抽象数据类型定义的基础上，实现线性表主要有两种存储结构，即顺序存储结构与链式存储结构。本章将将就线性表的实现与应用展开讨论。

2.1　线性表的定义及其基本操作

2.1.1　线性表的定义与特征

1. 线性表的定义

线性表(Linear_List)是最简单和最常用的一种数据结构，它是由 n 个数据元素(结点) $a_1, a_2, \cdots, a_n$ 组成的有限序列。其中，数据元素的个数 n 定义为表的长度。当 n 为零时称为空表，非空的线性表通常记为

$$(a_1, a_2, \cdots, a_{i-1}, a_i, \cdots, a_n)$$

数据元素 $a_i(1 \leqslant i \leqslant n)$ 是一个抽象的符号，它可以是一个数或者一个符号，还可以为较复杂的记录，如一个学生、一本书等信息都是一个数据元素(简称为元素)。数据元素可以由若干个数据项组成。例如，学生的基本情况如表2-1所示。

表2-1　学生基本情况表

学号	姓　名	性别	年龄	籍　贯
Pb0812008	赵学民	男	21	内蒙古

续表

学号	姓　名	性别	年龄	籍　贯
Pb0805021	王一品	男	19	上　海
Pb0801103	陈达晴	女	20	天　津
Pb0823096	杨　洋	男	18	广　东
⋮	⋮	⋮	⋮	⋮

表中每个学生的情况为一个数据元素(记录),它由学号、姓名、性别、年龄和籍贯 5 个数据项组成。

2. 线性表的特征

从线性表的定义可以看出线性表具有如下特征:

①有且仅有一个开始结点(表头结点) a_1,它没有直接前驱,只有一个直接后继。

②有且仅有一个终端结点(表尾结点)a_n,它没有直接后继,只有一个直接前驱。

③其他结点都有一个直接前驱和直接后继。

④元素之间为一对一的线性关系。

因此,线性表是一种典型的线性结构,用二元组表示为:

linear_1ist = (A,R)

其中

$A = \{ a_i | 1 \leqslant i \leqslant n, n \geqslant 0, a_i \in elemtype)$

$R = \{ r \}$

$r = \{ <a_i, a_i + 1> | 1 \leqslant i \leqslant n - 1)$

对应的逻辑结构图如图 2-1 所示。

图 2-1　线性表逻辑结构示意图

2.1.2 线性表的基本操作

由于数据结构的操作定义在逻辑结构层次上,而操作的具体实现建立在存储结构上,因此,下面定义的线性表的基本操作作为逻辑结构的一部分,每一个操作的具体实现只有在确定了线性表的存储结构之后才能完成。[①]

①线性表初始化:Create()。

初始条件:线性表不存在。

操作结果:创建一个空线性表。

②线性表的撤销:Destroy()。

初始条件:线性表存在。

操作结果:撤销一个线性表。

③线性表的判空:IsEmpty()。

操作结果:返回一个线性表是否为空的标志。

④求线性表的长度:Length()。

初始条件:线性表存在。

操作结果:返回线性表中所含元素的个数。

⑤取表中元素:Find(k,x)。

初始条件:线性表存在,且 $1 \leqslant k \leqslant$ Length()。

操作结果:寻找线性表中第 k 个元素,并保存到 x 中;如果不存在,则返回 false。

⑥按值查找:Search(x)。

初始条件:线性表存在。

操作结果:在表中查找值为 x 的元素。如果找到,返回值为 x 的元素在表中的位置;否则,返回一个特殊值表示查找失败。

① 余腊生. 数据结构:基于 C++模板类的实现. 北京:人民邮电出版社,2008

⑦插入操作:Insert(k,x)。

初始条件:线性表存在,且 $1 \leqslant k \leqslant n+1$,以为插入前的表长。

操作结果:在线性表的第k个元素之后插入一个值为x的新元素,这样使原序号为 $k+1, k+2, \cdots, n$ 的元素的序号依次变为 $k+1, k+2, \cdots, n+1$。此时,新表长为原表长加1。

⑧删除操作:Delete(k,x)。

初始条件:线性表存在,且 $1 \leqslant k \leqslant n$。

操作结果:在线性表中删除第k个元素,并保存到x中,使序号为 $k+1, k+2, \cdots, n$ 的元素的序号依次变为 $k, k+1, \cdots, n-1$。此时,新表长为原表长减1。

⑨线性表的输出:Output(out)。

初始条件:线性表存在。

操作结果:将线性表中数据元素输出到流out中。

下面的抽象数据类型LinearList描述了线性表的实例及相关操作。

ADT LinearList {

实例:

0个或多个元素的有序集合

操作:

Create():创建一个空线性表

Destroy():撤销一个线性表

IsEmpty():如果线性表为空,则返回true;否则返回false

Length():返回线性表中所含元素的个数

Find(k,x):寻找线性表中第k个元素,并保存到x中;如果不存在,则返回false

Search(x):在表中查找值为x的元素。如果找到,返回元素x在表中的位置,否则,返回0

Delete(k,x):删除第 k 个元素,并保存到 x 中;函数返回修改后的线性表

Insert(k,x):在第 k 个元素之后插入一个值为 x 的新元素,函数返回修改后的线性表

Output(out):将线性表中数据元素输出到流 out 中

}

在这里,我们需要说明如下两点:

①数据结构上的基本操作在实现时也可能根据不同的存储结构派生出一系列相关的操作。比如,线性表的查找在链式存储结构中可以按序号查找。

②上面定义的线性表仅仅是一个抽象在逻辑结构层次的线性表,尚未涉及存储结构,因此尚不能用某种编程语言写出具体的算法,算法的实现必须在存储结构确定之后。

接下来,我们来看一个线性表操作的示例。

例 2.1　设线性表 Mylist =(82,18,25,22),当前位置 curr =1,即指向元素 18。表2-2 的第一列中列出了若干操作,依次执行后,得到的新线性表列在表2-2 的第二列中(下划线的位置为当前位置)。

表 2-2　线性表操作示例

操　作	线性表结果	解　释
Mylist. insert(86)	(82,86,18,25,22)	新插入的元素 86 顶替了元素 18 的位置
Mylist. next()	(82,86,18,25,22)	当前位置后移一个元素,又到 18 的位置
Mylist. insert(97)	(82,86,97,18,25,22)	再插入新元素 97,又占据了 18 的位置
Mylist. next()	(82,86,97,18,25,22)	当前位置后移二个元素,18 再次成为当前元素
Mylist. remove()	(82,86,97,25,22)	删除当前位置元素,25 成为当前元素
Mylist. clear()	()	删除所有元素,得到空表

例 2.2　已知一个可能包含重复元素的集合 B,试构造集 A,要求集 A 只包含集合 B 中所有值不相同的元素。

思路一:分别以线性表 La 和 Lb 表示集 A 和 B。首先初始化 La 为空表,之后再进行相关操作。

思路二:仍以线性表表示集合,只是求解之前先对 Lb 中的元素进行排序,值相同的元素必相邻。

具体算法描述如下:

```
//已知线性表 Lb 中的元素依值非递减有序排列,构造线性表
La,使 La 中只包含 Lb 中所有值不相同的元素
Void purge(LinearList &La,LinearList Lb){
La.Create();  //初始化 La 为空表
La_len = La.Length():
Lb_len = Lb.Length();      //求线性表的长度
for(i =1;   i  < =   Lb_len; i ++)  {
Lb.Find(i,e);      //取 Lb 中第 i 个元素赋给 e
if(La.IsEmpty() || ! equal(en,e))
La.Insert( ++La_len,e);
           //La 中不存在和 e 相同的元素,则将 e 插入之
en  =  e;
}
}
```

2.2　线性表的顺序存储结构

2.2.1　顺序表

线性表的顺序存储指的是将线性表的数据元素按其逻辑次序依次存入一组地址连续的存储单元里,用这种方法存储的线性表简称为顺序表。

假设线性表中所有元素的类型是相同的，且每个元素需占用 d 个存储单元，其中第一个单元的存储位置（地址）就是第 1 个元素的存储位置。那么，线性表中第 $i+1$ 个元素的存储位置 $LOC(a_{i+1})$ 和第 Z 个元素的存储位置 $LOC(a_i)$ 之间的关系为

$$LOC(a_{i+1}) = LOC(a_i) + d。$$

一般来说，线性表的第 i 个元素 a_i 的存储位置为

$$LOC(a_i) = LOC(a_i) + (i-1) * d$$

其中，$LOC(a_1)$ 是线性表的第一个元素 a_1 的存储位置，通常称之为基地址。

线性表的这种机内表示称为线性表的顺序存储结构。它的特点如下：

元素在表中的相邻关系，在计算机内存储时仍保持着这种相邻关系。每个元素 a_i 的存储地址是该元素在表中的位置 i 的线性函数，只要知道基地址和每个元素占用的单元数（结点的大小），就可求出任一结点的存储地址。因此，只要确定了线性表的起始位置，线性表中任意一个结点都可随机存取，所以顺序表是一种随机存取结构。

为了完整地描述线性表，需要了解表的当前长度或大小，为此，使用变量 length 作为表的长度。当表为空时，length 为 0。下面的程序给出了相应的 C++类定义。由于数据元素的数据类型随着应用的变化而变化，所以定义了一个类模板，在该类模板中，用户指定元素的数据类型为 T。数据成员 length 和 data[ ] 都是私有成员，其他成员均为公有成员。Insert( ) 和 Delete( ) 均返回一个线性表的引用，我们将要看到，具体实现时，它们首先会修改表 this，然后返回一个引用（指向修改后的表），因此，同时组合多个表操作是可行的，如 X. Insert(0,a). Dele - te(3,b)。Create( ) 和 Destroy( ) 运算分别用类的构造函数和析构函数加以实现。

```
const int MaxListSize = 20;      //顺序表最大长度
```

```
template < typename T >
class SeqList
{
   Public:
   SeqList( T a[ ],   int n =0);
    ~SeqList( );
   int Length( );
   SeqList < T > &Insert( int i,T x);
   SeqList < T > &Delete( int i);
   T GetNode( int i);
   int LocateNode( T x);
   void ShowList( );
   bool IsEmpty( );
   bool IsFull( );
private:
   T data[ MaxistSize];
   int length;
};
```

2.2.2 顺序表上基本操作的实现

1. 初始化

顺序表的初始化操作比较简单,如下面代码所示:

```
template < class T >
LinearList < T > : : LinearList( int   MaxListSize)
{
   MaxSize   =   MaxListSize;
   element   =   new   T[ MaxSize];
   length =0;
}
```

2. 插入

线性表的插入运算是指在线性表的第 $i-1$ 个结点和第 i 个元素之间插入一个新元素 x,就是使长度为 n 的线性表

$$(a_1, a_2, \cdots, a_{i-1}, a_i, \cdots, a_n)$$

变为长度为 $n+l$ 的线性表

$$(a_1, a_2, \cdots, a_{i-1}, x, a_i, \cdots, a_n)$$

由于线性表逻辑上相邻的元素在物理结构上也是相邻的,因此在插入一个新元素之后,线性表的逻辑关系发生了变化,其物理存储关系也要发生相应的变化,除非 $i=n+l$,否则必须将原线性表的第 $i, i+1, \cdots, n$ 个元素分别向后移动 1 个位置,空出第 i 个位置以便插入新元素 x。其插入过程中顺序表 L. data[i] 的变化情况如表 2-3 所示。表中第二行表示原表元素的存储表示,第三行是后移之后的存储表示,而第四行则是插入戈后的元素存储表示。

表 2-3　在顺序表中插入元素 x,data[ ]的变化情况

0	1	…	$i-2$	$i-1$	i	…	$n-1$	n	…	ListSize - 1
a_1	a_2	…	a_{i-1}	a_i	a_{i+1}	…	a_n	a_{n+1}	…	
a_1	a_2	…	a_{i-1}	a_i	a_i	…	a_{n-1}	a_n	…	
a_1	a_2	…	a_{i-1}	x	a_i	…	a_{n-1}	a_n	…	

具体插入算法描述如下:

```
template < class T >
Void SeqList < T > : : InsertElem( int i, T x)
{    //在表第 i 个元素之前插入 x
     if( i <1  || i > length +1) {
          cout << " position error" << endl;
          return;
                //给定的位置不合理,退出程序
```

```
    }
    for(int j = length - 1;j >= i - 1;j--)
        data[j + 1] = data[j];
                                    //从最后一个元素开始逐一后移
    data[i - 1] = x;                          //插入新元素 x
    length++;                   //实际表长加 1
}
```

算法分析:

①假设问题的规模(即表的长度)为 n。

②移动结点的次数由表长 n 和插入位置 k 决定。算法的时间开销主要是在 for 循环中的结点后移语句。该语句的执行次数是 $n-k+1$。当 $k=n+1$ 时,移动结点次数为 0,即算法的最好情况时间复杂度为 $O(1)$;当 $k=1$ 时,移动结点次数为 n,即算法的最坏情况时间复杂度为 $O(n)$。

③移动结点的平均次数为 $E_{is}(n)$:

$$E_{is}(n) = \sum_{i=1}^{n+1} p_i(n - i + 1)$$

其中,在表中第 i 个位置插入一个结点的移动次数为 $n-i+1$,p_i 表示在表中第 i 个位置上插入一个结点的概率。假设在表中任何合法位置($1 \leqslant i \leqslant n+1$)插入结点的机会是均等的,则

$$p_1 = p_2 = \cdots = p_{n+1} = 1/(n + 1)$$

因此,在等概率插入的情况下:

$$E_{is}(n) = \sum_{i=1}^{n+1} (n - i + 1)/(n + 1) = n/2$$

3. 删除

在表非空和 i 的位置正确的前提下,才能进行删除操作。和插入算法类似,在顺序表上进行删除运算,也必须移动后续元素,才能反映出元素间逻辑关系的变化。删除顺序表中第 i 个位置上的元素,需要将表中位置为 $i+1, i+2, \cdots, n$ 上的元素,

依次向前移动到位置 $i+1, i+2, \cdots, n-1$ 上，覆盖第 i 个位置上的元素，并将表的长度减 1。若表长为 n，则删除位置 i 的有效范围是 $1 \leqslant i \leqslant n$；当 $i=n$ 时，只要简单地删除表尾元素，无须移动元素。顺序表上的元素删除过程如图 2-2 所示。

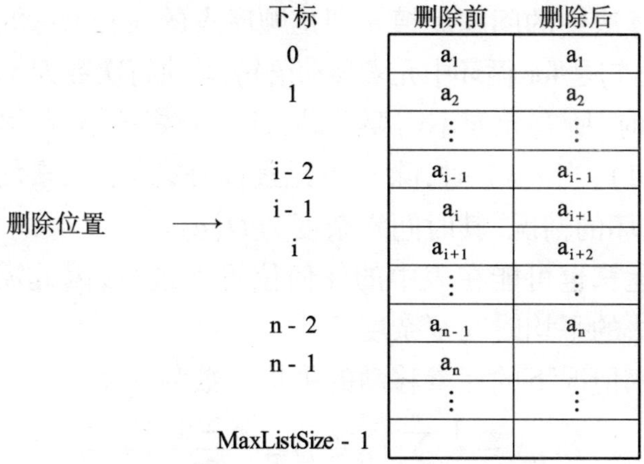

下标	删除前	删除后
0	a_1	a_1
1	a_2	a_2
	⋮	⋮
i-2	a_{i-1}	a_{i-1}
删除位置 ⟶ i-1	a_i	a_{i+1}
i	a_{i+1}	a_{i+2}
	⋮	⋮
n-2	a_{n-1}	a_n
n-1	a_n	
	⋮	⋮
MaxListSize-1		

图 2-2　顺序表的数据元素删除过程

```
template <typename T>
SeqList<T>&SeqList<T>::Delete(int i)
{
    if(i<1 || i>length)
    {
        cout<<"非法位置,终止运行!"<<end1;
        exit(1);
    }
    if(IsEmpty())
    {
        cout<<"空表,不能删除!"<<end1,
        exit(1);
    }
    for(int j=i-1+1 ; j< =length-1;j++)
        data[j-1]=data[j];
```

```
    length--;
    return *this;
}
```

删除算法分析与插入算法类似：

①删除算法中的问题规模 n 即是顺序表的表长 length。

②基本语句是 for 循环中元素移动语句，其执行次数为 $n-i$。

当 $i=n$ 时，所有元素不需要移动，这是最好的情况，其时间复杂度为 $O(1)$；当 $i=1$ 时，除表头元素以外，其余元素均需要移动，这是最坏的情况，其时间复杂度为 $O(n)$。

③删除运算也可能在表中的任何位置上进行，因此需要进一步分析算法的平均时间复杂度。

在等概率情况下的元素移动的平均次数为

$$E(n)=\frac{1}{n}\sum_{i=1}^{n}(n-i)=\frac{n-1}{2}$$

即在顺序表上的删除运算，平均要移动表中大约一半的元素，平均时间复杂度为 $O(n)$。

4. 查找

因为在顺序表中按序号查找元素非常简单，所以顺序表是一个随机存取的数据结构，如下面代码所示：

```
//把第 k 个元素取至 x 中
template <class T>
bool LinearList<T>::Find(int k,T& x) const
{
    //如果不存在第 k 个元素,则返回 false,否则返回 true
    if (k<1 || k>length) return false;
                                        //不存在第 k 个元素
    x = element[k-1];
    return true;
}
```

上述算法的主要操作是返回待查元素,时间复杂度为 $O(1)$。

线性表中的按值查找是指在线性表中查找与给定值 x 相等的数据元素。在顺序表中完成该操作最简单的方法是:从第一个元素以1起依次和 x 比较,如果找到一个与 x 相等的数据元素,则返回它在顺序表中的存储下标或序号(二者差1);如果查遍整个表都没有找到与 x 相等的元素,则返回0。具体代码如下:

```
//查找x,如果找到,则返回x所在的位置;如果x不在表
  中,则返回0
template <class T >
int  LinearList <T > ::Search(const T& x)  const
{
    for (int i  =  0;  i < length; i ++)
        if (element[i] == x)  return  ++i;
    return 0;
}
```

上述算法的主要操作是比较,显然比较的次数与 x 在表中的位置有关,也与表长有关。当 $a_1 = x$ 时,比较一次成功。当 $a_n = x$ 时,比较 n 次成功。平均比较次数为 $(n+1)/2$,算法的时间复杂度为 $O(n)$。

2.3 线性表的链接存储结构

2.3.1 单链表

线性表还有一种存储方法,就是链式存储方法,这种用链式方式存储的线性表简称为链表。

由于线性表中的每个元素至多只有一个直接前驱元素和一个直接后继元素,即数据元素之间是一对一的逻辑关系,所以当

采用链式存储时,一种最简单也最常用的方法是,每个元素在存放时,除包含自身数据的数据域外,只设置一个指针域,用以指向其直接后继,这两部分组成一个“结点”,如图 2-3 所示。由这样的结点构成的链接表被称为线性单向链接表,简称单链表。

数据域 date	指针域 next

图 2-3　单链表的结点结构

单链表的第一个结点我们称为开始结点,最后一个结点为终端结点。显然,单链表中除开始结点外,其他结点的存储地址均存放在其前驱结点的指针域 next 中,而开始结点无前驱,故要设置一个特定的指针 head 指向开始结点,称这个特定的指针为“头指针”。头指针唯一标识单链表,因为通过该指针所指的头结点出发,沿着结点的链(即指针域的值)可以访问到每个结点。因此,通常用头指针命名单链表。同时,由于终端结点无后继,故终端结点的指针域为空指针 NULL,在图 2-4 中,我们用“∧”表示空指针 NULL。

在 C++ 中,可以用结构类型来描述单链表的结点,由于结点的元素类型不确定,所以采用 C++ 的模板机制,如下程序给出了相应的定义。

```
template <typename T>
struct Node
{
    Tdata;
    Node * next;
};
```

在线性表的链式存储中,为了便于插入和删除算法的实现,有时需要在每个链表的开始结点之前附设一个类型相同的结点,称之为头结点。头结点的数据域可以不存任何信息,也可以存储如线性表的长度等附加信息,头结点的指针域存放开始结点的地址。此时头指针指向头结点。如图 2-4 所示,head 是单链表的头指针，头结点的数据域是没有意义的。如下程序给出了单链表类模板的定义。

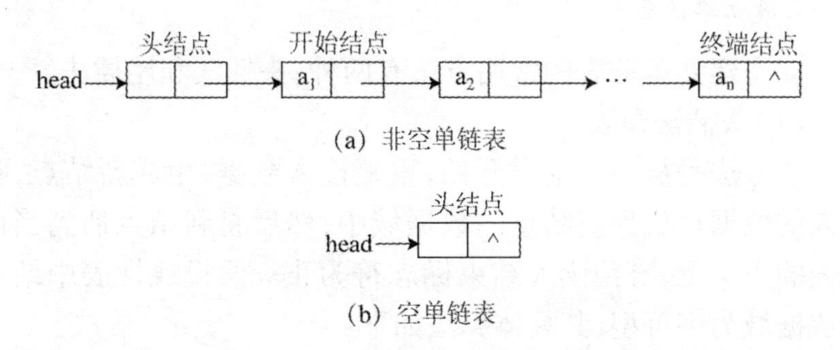

图 2-4　带头结点单链表的示意图

```
template < typename T >
class LinkList
{
    public:
        LinkList(T a[ ],int n =0);
        ~LinkList( );
        Bool IsEmpty( );
        T GetNode(int i);
        int Length( );
        int LocateNode(T x);
        LinkList < T > &Insert(int i,T x);
        LinkList < T > &Delete(int i);
        void ShowList( );
    private:
      Node < T >     * head;
};
```

2.3.2 单链表基本操作的实现

1. 建立单链表

动态建立单链表的常用方法有两种:头插法和尾插法。

(1)头插法建表

该方法是从一个空表开始,重复读入数据,生成新结点,将读入的数据存放到新结点的数据域中,然后将新结点插到当前链表的表头上,直到读入结束标志符为止。假设线性表中结点的数据域为字符型,其具体算法如下:

```
template < class T >
void LinkList < T > ::CreateListF( )
{    ListNode < T > * p = head, * s;
     Tch;
     ch = getchar( );
     while( ch!  ='\n') {
                         //读入字符不是结束标志符时做循环
          s = new ListNode < T > ;    //申请新结点
          s - > data = ch;            //数据域赋值
          s - > next = p;             //指针域赋值
          p = s;                    //头指针指向新结点
          ch = getchar( );         //读入下一个字符
     }                              //回车符结束操作
     head = p;                      //修改链表头指针
}
```

(2)尾插法建表

头插法建立链表是将新结点插入在表头,算法比较简单,但建立的链表中结点的次序和输入时的顺序相反,理解时不大直观。如若需要和输入次序一致,可使用尾插法建立链表。该方法是将新结点插入在当前链表的表尾,因此需要增设一个尾指针 rear,使其始终指向链表的尾结点。

假设线性表中结点的数据域为字符型,其具体算法如下:

```
template <class T>
void LinkList <T> ::CreateListR()
{   List Node <T> * s, * rear = NULL;     //尾指针初始化
    Tch;
    ch = getchar();
    while(ch! = '\n') {
    //读入字符不是结束标志符时做循环
      s = new List Node <T> ;           //申请新结点
      s - > data = ch;                   //数据域赋值
      if(head = = NULL) head = s;
      else   rear - > next = s;
      rear = s;
      ch = getchar();                  //读入下一个字符
    }
    Rear - > next = NULL;
    //表尾结点指针域置空值
}
```

为了简化算法及操作方便,可在链表的开始结点之前附加一个结点,并称其为头结点,带头结点的单链表结构如图 2-5 所示。

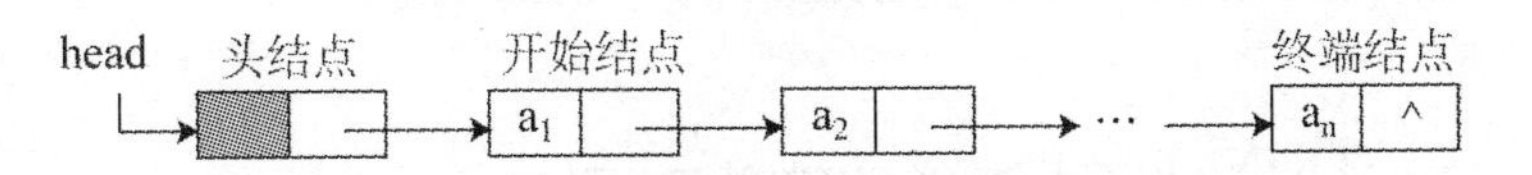

图 2-5　带头结点的线性链表存储结构示意图

在引入头结点之后,尾插法建立单链表的算法可简化为:

```
template <class T>
void LinkList <T> ::CreateList()
```

```
{ ListNode <T> * s, * rear = NULL;      //尾指针初始化
  Tch;
  head = newListNode <T> :              //申请头结点
  rear = head;
  ch = getchar( ) ;
  while( ch!  ='\n') {
                   //读入字符不是结束标志符时做循环
    s = new ListNode <T> ;         //申请新结点
    s - > data = ch;               //数据域赋值
    rear - > next = s;
    rear = s;
    ch = getchar( ) ;              //读入下一个字符
  }
    Rear - > next = NULL;
                        //表尾结点指针域置空值
}
```

2. 求表长

设移动指针 current 和计数器 len,初始化后,current 所指结点后面若还有结点,current 向后移动,计数器加 1。具体算法如下:

```
//返回链表中元素的个数
template <class T>
int LinkedList <T> : : Length( )   const
{
    ListNode <T>  * current = first;
    int len =0;
    while( current) {
        len ++ ;
        current = current - > link;
```

```
    }
    return len;
}
```

3. 插入

在链表中插入结点存在两种情况。

(1)后插结点

设 current 指向单向链表中某结点，s 指向待插入的值为 x 的新结点，将 * s 插入到 * current 的后面，如图 2-6 所示，是在 * current 之后插入 * s 的示意图。具体操作如下：

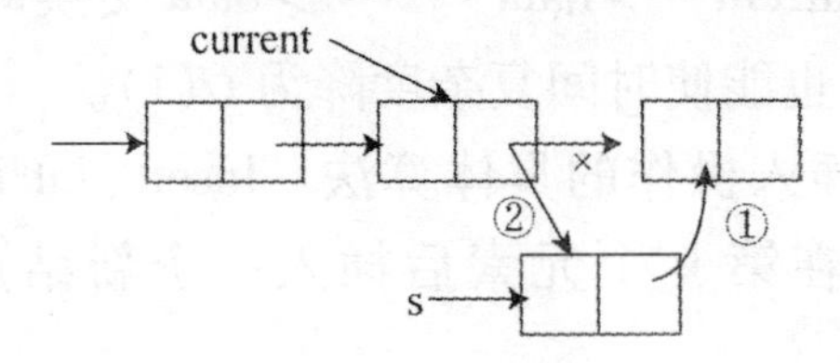

图 2-6　在 * current 之后插入 * s

①s－＞link = current－＞link；

②current－＞link = s；

需要明确指出的是，两个指针的操作顺序不能交换。

(2)前插结点

设 current 指向链表中某结点，s 指向待插入的值为 x 的新结点，将 * s 插入到 * current 的前面，如图 2-7 所示，是该过程的示意图。与后插不同的是，首先要找到 * current 的前驱 * q，然后再完成在 * q 之后插入 * s。设单向链表头指针为 L，操作如下：

```
①q = first;    //指向头结点
  while(q－＞link! = current)
  q = q－＞link; //找 * current 的直接前驱
②s－＞link = q－＞link;
③q－＞link = s;
```

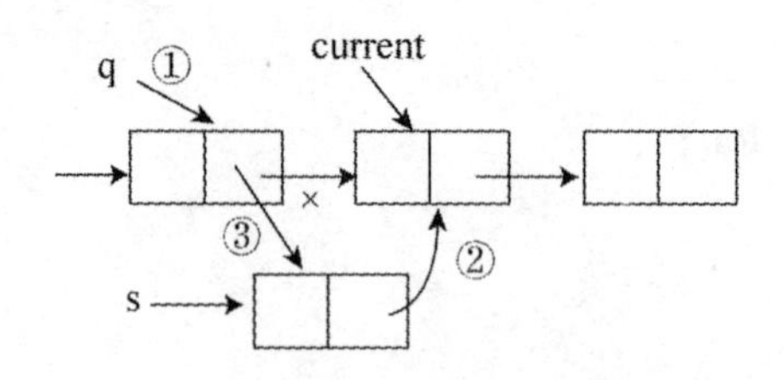

图2-7　在 * current 之前插入 * s

后插操作的时间复杂度为 $O(1)$。前插操作因为要找 * current的前驱,时间复杂度为 $O(n)$。由于我们关心的是数据元素之间的逻辑关系,所以仍然可以将 * s 插入到 * current 的后面,然后将 current - >data 与 s - >data 交换即可,这样即满足了逻辑关系,也能使时间复杂度降为 $O(1)$。

下面讨论插入操作的具体算法。Insert(int k,const T& x)实现的功能是在第 k 个元素后插入一个新结点。具体算法如下:

```
//在第 k 个元素后插入一个元素值为 x 的结点
template <class T >
LinkedList <T >& LinkedList <T > ::Insert(int k,const T& x)
{
  If (k <0) throw OutOfBounds( ) ;
  //查找第 k 个结点,用 p 指向它
  ListNode < T > * p = first;
  for(int  index =1;index < k && p;  index ++ )
      p = p - > link;
  if(k > 0 && ! p) throw OutOfBounds( ) ;
                                        //没有第 k 个结点
  //插入
  ListNode < T >  * S = newListNode < T > ;
  s - > data = x;
  if(k) {              //插在 * p 后面
```

```
    s - >link = p - >link;
    p - >link = s;
  }
  else{      //如果 k = =0,插入作为第一个元素
    s - >link = first;
    first  =  s;
  }
  return  * this;
}
```

上述算法的时间复杂度为 $O(n)$。

4. 遍历

链表的遍历非常简单,就是从表头开始,逐一向后访问每个结点,其算法如下:

```
template < classT >
voidLinkList < T > : : PrintList( )
{   ListNode < T >   * p = head - > next;
    while( p) {
        cout << p - > data << " " ;
        p = p - > next;
    }
    cout << endl;
}
```

5. 删除运算

删除运算就是将链表的第 i 个结点从表中删去。由于第 i 个结点的存储地址是存储在第 $i-1$ 个结点的指针域 next 中,因此要先使 p 指向第 $i-1$ 个结点,然后使得 p - > next 指向第 $i+1$ 个结点,再将第 i 个结点释放掉。此操作过程如图 2-8 所示。其算法如下:

```
template < class T >
void LinkList < T > : :Delete Node( int i,T&x)
{ //在以 head 为头指针的带头结点的单链表中删除第 i 个结点
  if( i <1 ═|| i > ListLength( ) ) {
    cout << " position error\n" ;
    return;    //位置越界,退出操作
  }
  ListNode < T >  * p = head, * s;
  s = p;
  for( int j =0;j < i;j ++ ) {
    s = p;       //s 总是指向当前刚访问过的结点
    p = p - > next;
    }
  x = p - > data;   s - > next = p - > next;
  deletep;
}
```

从上述算法可以看到,删除算法与插入算法的时间复杂度一样,都是 $O(n)$。

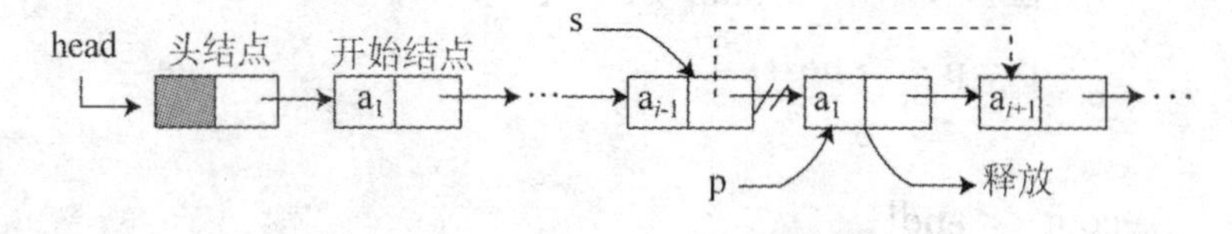

图 2-8　删除第 i 个结点示意图

6. 查找

(1)按序号查找

从链表的第一个结点开始,判断当前结点是否是第 i 个,若是,则返回该结点的指针,否则继续后一个,直至表结束。没有第 i 个结点时返回空。具体算法如下:

//查找第 k 个元素用 x 返回,查找成功返回 true,否则返回 false

```
template < class T >
bool  LinkedList < T > : : Find( int  k,  T& x)  const
{
    if ( k < 1)  return false;
    ListNode < T >  * current  =  first;
    int index = 1;  //当前索引
    while  ( index <  k && current)  {
        current = current - > link;
        index ++ ;
    }
    if ( current)  {
        x = current - > data;
        return true;
    }
    return false;//没有第 k 个元素
}
```

(2)按值查找,即定位

从链表的第一个元素结点开始,判断当前结点值是否等于 x,若是,返回该结点的指针,否则继续后一个,直至表结束。找不到时返回空。具体算法如下:

```
//如果找到 x,返回其位序,否则返回 0
template < class T >
int LinkedList < T > : : Search( const T& x) const
{
    ListNode < T > * current = first;
    Int index = 1;  //当前索引
    While ( current && current - > data !  = x) {
        current = current - > link;
        index ++ ;
```

```
    }
    If (current) return index;
    return 0;
}
```

上述两个算法的时间复杂度均为 $O(n)$。

例2.3　演示单链表操作的例子。

因为类定义和成员函数的实现等都存储在头文件 Llist. h 中,所以将其包含,然后编制如下主函数实现单链表操作。

```
#include < iostream. h >
#include < stdio. h >
#include < Llist. h >        //包含自定义头文件
void main( )
{
    LinkList < char > L; //创建字符型空链表 L
    charch = 'e';          //演示插入的字符
    intk;
    L. CreateList( );
                //建立字符链表,演示程序输入 abcdefgh
    L. PrintList( );   //遍历输出链表
    if( L. GetElem( 8, ch) )
    //取第 8 个元素值存入 ch 并根据结果进行相应处理
        cout << "这个位置的元素是" << ch << "。\n";
    else cout << "没有这个序号。\n";
        k = L.  LocateElem( ch);
        //查找 ch 元素在表中的序号
    if( k = = -1)          //根据结果进行相应处理
        cout << "没有元素" << ch << "。\n";
    else cout << "元素" << ch << "的位置是" << k << "。\
n";
```

```
    L. InsertNode(5,'t');
    cout << "在位置5插入t之后的内容如下:\n";
    L. PrintList();
    cout << "删除位置5之后的内容如下:\n";
    L. DeleteNode(5,ch);
    L. PrintList();
        cout << "被删除的元素是" << ch << "。\n";
    ch = 'm';
      k = L. LocateElem(ch);
                    //查找ch元素在表中的序号
    if(k = = -1)              //根据结果进行相应处理
      cout << "没有元素" << ch << "。\n";
    else cout << "元素"  << ch << "的位置是" << k << "。
\n";
      L. PrintList();         //遍历输出链表
    if(L. GetElem(4,ch))
  //取第4个元素值存入ch并根据结果进行相应处理
      cout << "这个位置的元素是" << ch << "。\n";
    else cout << "没有这个序号" << endl;
    L. InsertNode(I5'w');       //演示插入范围越界
}
```

2.3.3　循环链表与双向链表

1. 循环链表

单链表上的访问是一种顺序访问,从其中某一个结点出发,可以找到它的直接后继,但无法找到它的直接前驱。因此,我们可以考虑建立这样的链表,具有单链表的特征,但又不需要增加额外的存储空间,仅对表的链接方式稍作改变,使得对表的处理更加方便灵活。从单链表可知,最后一个结点的指针域为

NULL 表示单链表已经结束。如果将单链表最后一个结点的指针域改为存放链表中头结点(或第一个结点)的地址,就使得整个链表构成一个环,又没有增加额外的存储空间,称这样的链表为单循环链表,在不引起混淆时称为循环表(后面还要提到双向循环表),如图 2-9 所示。

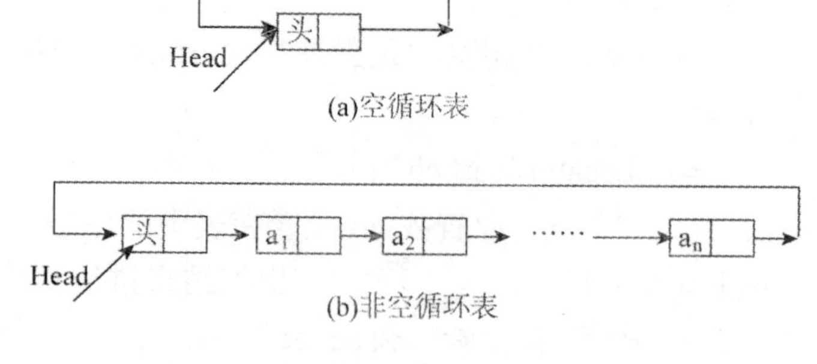

图 2-9　带头结点的单循环链表表示意图

循环链表上的运算与单链表上运算基本一致,区别只在于最后一个结点的判断(即循环的条件不同),但利用循环链表实现某些运算较单链表方便(从某个结点出发能求出它的直接前驱,而单链表是不行的,只能从头出发)。

既然是循环链表,head 指针就可以指向任意结点,若将 head 指向末尾,有时的操作会比 head 指向开头的操作更方便。

例 2.4　在单循环链表上实现将两个线性表($a_1,a_2,\cdots,a_n$)和($b_1,b_2,\cdots,b_m$)链接成一个线性表($a_1,a_2,\cdots,a_n,b_1,b_2,\cdots,b_m$)的运算。

倘若在单链表或头指针表示的单循环表上做这种链接操作,都需要遍历第一个链表到结点 a_n,然后将结点 b_1 连到 a_n 的后面,其执行时间是 $O(n)$。若在尾指针表示的单循环链表上实现,则只需修改指针,无须遍历,其执行时间是 $O(1)$。指针修改过程如图 2-10 所示。

程序如下:

SCLinkList 为设有尾指针的单循环链表的类模板名

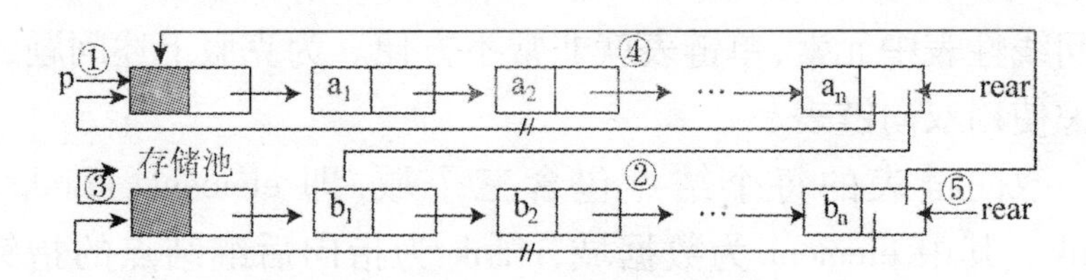

图 2-10　两个单循环链表示意图

```
template < typename T >
SCLinkList < T > &Connect( SCLinkList < T > &A, SCLinkList
                                        < T > &B)

//将设有尾指针 rear 的链表 A 与链表 B 合并,返回链表 A
{
    Node < T > * p;
    p = (A. rear) - > next;
                    //对应图 2-10 中①,保存 A 表头结点的位置
     (A. rear) - > next = ((B. rear) - > next) - > next;
    //对应图 2-10 中②,链表 B 的开始结点链接到 A 表尾
     delete(B. rear) - > next;     //对应图 2-10 中③
     (B. rear) - > next = p;
    //链表 B 的尾结点链接到 A 的头结点,对应图 2-10 中
    ④
     A. rear = B. rear,
    //链表 B 的尾结点置为 A 的尾结点,对应图 2-10 中⑤
     return A;
}
```

2. 双向链表

在前面介绍的各种单链表上作插入和删除时,都必须从头结点沿链找到某结点的直接前驱结点。这一搜索过程是费时的,其时间复杂度是 $O(n)$。此外,在实际应用中,有时需要逆向

访问线性表中元素,单链表就非常不方便。为克服上述问题,可考虑使用双向链表。

双向链表的每个结点包含三个域,即 element、1Link 和 rLink。其中 element 为数据域,rLink 为指向后继结点的指针,此外,比单链表增加了一个指向前驱结点的指针域 1Link。

下面的程序是双向循环链表的结点类 DNode 的定义。DoubleList 是双向链表类,它同样是从 LinearList 类继承而来,定义方法同单链表。

下面程序双向链表的结点类:

```
template < class T >  class DoubleList;
                    //超前声明 DoubleList 类
template < class T >
                    //声明 DNode 类
class DNode
{
private:
    Telement;
    DNode < T > * iLink, * rLink;
    Friend DoubleList < T > ;
}
```

双向链表也可以带表头结点。表头结点的 rLink 和 1Link 分别指向双向链表的头结点和尾结点。带表头结点的双向循环链表如图 2-11 所示。

在双向链表中,插入和删除变得十分容易。图 2-12(a)是在 p 所指示的结点前插入值为 x 新结点的示意图。图 2-12(b)是删除 p 所指示的结点的示意图。

插入操作的核心步骤如下:

```
①DNode < T > * q = new DNode < T > ;
q - > element = x;
```

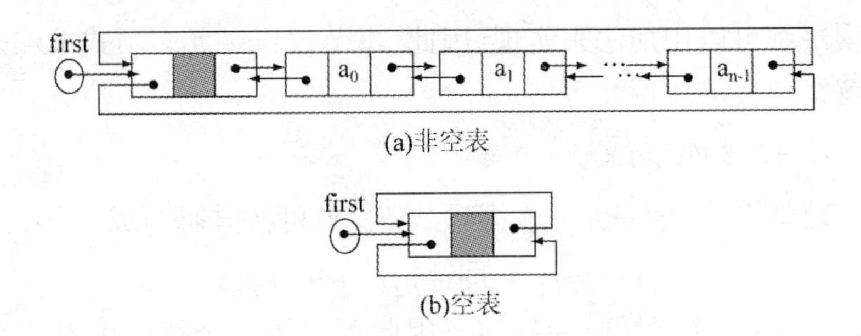

图 2-11　带表头结点的双向循环链表结构

②q－>lLink<p>lLink;q－>rLink=p;

p－>lLink－>rLink=q;p－>lLink=q;

删除操作的核心步骤如下:

①p－>lLInk－>rLInk=p－>rLink;

p－>rLink－>lLink=p－>lLlnk;

②delete p;

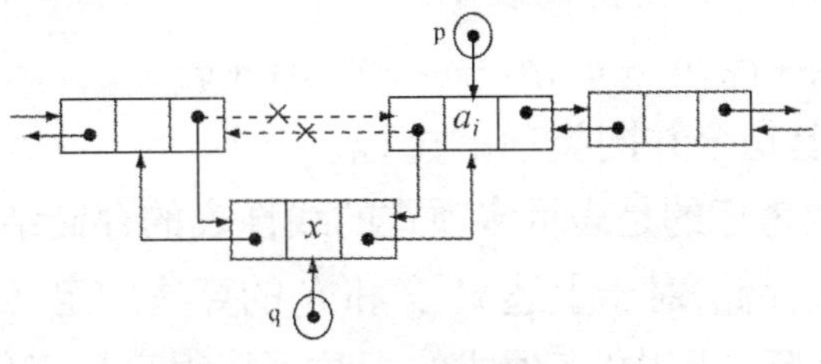

(a)双向链表的插入

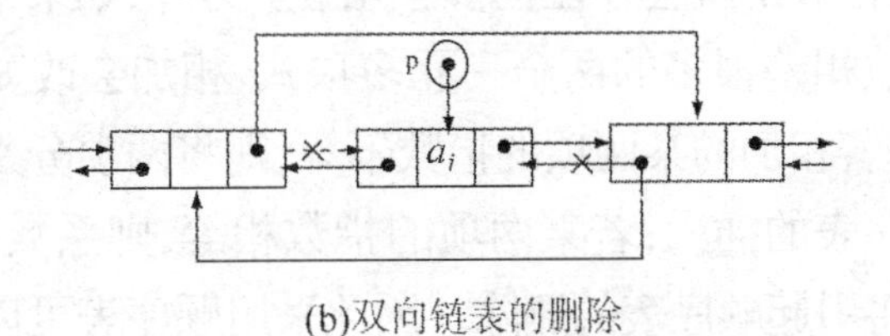

(b)双向链表的删除

图 2-12　向链表的插入和删除

2.4　线性表的应用

一元多项式的运算包括加法、减法和乘法,而多项式的减法和乘法都可以用加法来实现，因此，本节仅以一元多项式求和来讲解线性表的应用。

1. 一元多项式的表示与存储结构

数学上，一个一元 n 次多项式 $P_n(x)$ 可按升幂写成

$$P_n(x)=p_0+p_1x+p_2x^2+\cdots+p_nx^n$$

它可由 $n+1$ 个系数唯一确定。因此可以用一个线性表 P 来表示为

$$P=(p_0,p_1,p_2,\cdots,p_n)$$

每一项的指数 i 隐含在其系数 p_i 的序号里。

设 $Q_m(x)$ 是一元 m 次多项式，同样可用线性表 Q 来表示：

$$Q=(q_0,q_1,q_2,\cdots,q_m)$$

不失一般性，假设 $m<n$，则两个多项式相加的结果 $R_n(x)=P_n(x)+Q_m(x)$ 可用线性表 R 表示：

$$R=(p_0+q_0,p_1+q_1,p_2+q_2,\cdots,p_m+q_m,p_{m+1},\cdots,p_n)$$

这实质上是合并同类项的过程。

接下来要考虑的是表示多项式的线性表的存储结构问题。如果采用顺序表存储，对于上述 P、Q 和 R 的算法的定义和实现十分简单。但在实际应用中，多项式的指数可能很高且变化很大，在表示多项式的线性表中就会存在很多零元素。另外，如果采用顺序表存储，对于指数相差很多的两个一元多项式，相加会改变多项式的系数和指数。若相加的某两项的指数不等，则将两项分别加在结果中，将引起顺序表的插入；若某两项的指数相等，则系数相加，若相加结果为零，将引起顺序表的删除。因此采用顺序表可以实现两个一元多项式相加，但并不可取。因此，一般情况下，都采用单链表存储，即每一个非零项对应单链表中的一个结点，且单链表应按指数递增有序排列。结点结构如图 2-13 所示。

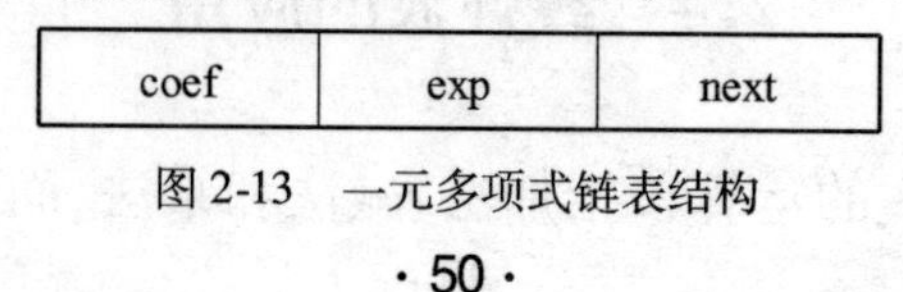

图 2-13　一元多项式链表结构

其中,coef 是系数域,存放非零项的系数;exp 是指数域,存放非零项的指数;next 是指针域,存放指向下一结点的指针。因此,一元多项式的类定义如以下程序所示:

```
struct PolyNode
{
    float coef,
    int exp;
    PolyNode * next;
};
class PolyLinkList
{
    public:
        PolyLinkList(Term a[],int n =0);
         ~ PolyLinkList(),
        void ShowList();      //多项式显示
        void PolyAdd(PolyLinkList& LB);
                              //多项式加
Drivate:
        PolyNode * head;
};
```

2. 多项式相加的操作实现

设有多项式 $P_n(x)$ 和 $Q_m(x)$,分别用单循环链表表示。现将两个多项式相加,结果仍称为 $Q_m(x)$,$P_n(x)$不变,即实现 $Q_m(x) \leftarrow Q_m(x) + P_n(x)$。

设 p 和 q 分别指向多项式 $P_n(x)$ 和 $Q_m(x)$ 的当前正进行比较的项结点,初始时分别指向两多项式中最高幂次的项结点。q1 指向 q 的前驱结点。对 $P_n(x)$ 进行遍历,根据指针 p、q 的 exp 域的大小情况做相应处理实现加法运算。多项式相加的算法步骤如下。[①]

①若 p－＞exp＜q－＞exp，则 q 指示的项应成为结果多项式中的一项，所以 q1 和 q 右移一项，指针 p 不动。

②若 p－＞exp＝－q－＞exp，则系数相加，即 q－＞coef＝－q－＞coef＋p－＞coef。如果 q－＞coef 不为零，则指针 q1 和 q 均右移一个结点；否则从 $Q_m(x)$ 中删除 q 指示的结点，指针 p 右移一项。

③若 p－＞exp＞q－＞exp，则复制 p 所指示的结点，并将其插在 q1 之后；指针 p 右移一项。重复上述处理，直到 $P_n(x)$ 中全部结点都处理完。

多项式相加函数如下：

```
Void Polynominal::PolyAdd(Polynominal& r)
{
    //将多项式 r 加到多项式 this 上
    Term * q, * q1 = theList, * p;
                    //q1 指向表头结点
    p = r. theList - > link;
                    //p 指向第一个要处理的结点
    q = q1 - > link;
    //q1 是 q 的前驱,p 和 q 就指向两个当前进行比较
    的项
    while(p - > exp > =0){
    //对 r 的单循环链表遍历,直到全部结点都处理完
    while(p - > exp < q - > exp){
                    //跳过 q - > exp 大的项
      ql = q;q = q - > link;
  }
```

① 陈慧楠. 数据结构:使用 C++语言描述(第 2 版). 北京:人民邮电出版社,2008

```
if(p->exp==q->exp){
                //当指数相等时,系数相加
  q->coef=q->coef+p->coef;
  if(q->coef==0){
                //若相加后系数为0,则删除q
  q1->link=q->link;delete(q);
  q=ql->link;         //重置q指针
  }
  else{
      ql=q;q=q->link;
      //若相加后系数不为0,移动q1和q
  }
}
else     //p->exp>q->exp的情况
ql=ql->InsertAfter(p->coef,p->exp);
            //以p的系数和指数生成新结点,插入ql后
p=p->link;
}
}
```

第3章 栈、队列及递归思想

线性表是一种线性结构，可以在表中任意位置插入和删除元素。栈和队列也是一种线性结构，在计算机的软件系统中应用也是非常广泛，但是在插入和删除操作上不同于表。递归思想是数据结构中十分重要的一种思想，许多数据结构都是通过递归方式定义的，采用递归技术设计出来的程序具有结构清晰、可读性强、便于理解等特点，当然也有不足之处。本章我们就对栈、队列以及递归思想展开讨论。

3.1 栈

3.1.1 栈的基本概念与操作

栈(stack)是一种插入和删除操作都在表的同一端进行的线性表，其中允许插入和删除操作的一端称为栈顶，另一端称为栈底。当栈中没有元素时称为空栈。向栈中插入新元素称为进栈或入栈，即把新元素放到栈顶元素的上面，使之成为新的栈顶元素；从栈中删除元素称为出栈或退栈，即把栈顶元素删除，使其下面的相邻元素成为新的栈顶元素。

在日常生活中，有许多类似栈的例子。例如，洗盘子时，依次把刚刚洗净的盘子放到已经洗好的盘子上，这类似于进栈；取用盘子时，从一摞盘子上一个接一个地往下拿，这类似于出栈。又如，向弹匣里装子弹时，子弹被一颗接一颗地压入，类似于进栈；射击时，子弹从弹匣顶部一颗接一颗地射出，类似于出栈。

由于栈的插入和删除操作仅在栈顶一端进行，后进栈的元

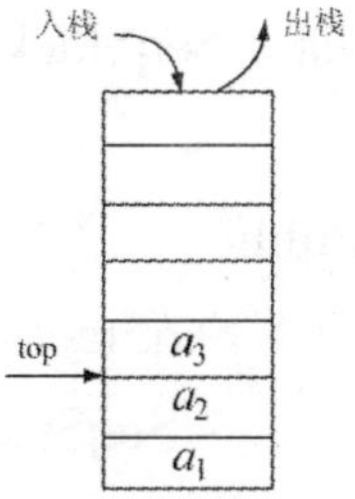

素必定先出栈，具有先进后出或后进先出的特性，习惯上又把栈称为后进先出(LIFO)表。如图 3-1 所示，栈中有 3 个元素，进栈的顺序是 a_1、a_2 和 a_3，出栈时的顺序为 a_3、a_2 和 a_1。

图 3-1　栈示意图

下面是栈的抽象数据类型描述：

```
ADT Stack{
实例
  元素线性表，栈底，栈顶操作
 Create()：创建一个空栈
 IsEmpty()：如果栈为空，则返回 true；否则返回 false
 IsFull()：如果栈满，则返回 true；否则返回 false
 Top()：返回栈顶元素
 Push(x)：向栈中添加元素 x
 Pop()：删除栈顶元素
 TopAnd Pop(x)：删除栈顶元素，并将它传递给 x
}
```

3.1.2　栈的存储结构与操作

如同线件表一样，栈也有顺序和链接两种表示方式。

1. 栈的顺序存储结构与操作

顺序表示方式也用 C++ 中的一维数组加以描述，这样的栈称为顺序栈，如图 3-2 所示。

枉顺序栈类 seqStack 中，私有成员包括最大栈顶指针(下标)maxTop、当前栈顶指针 top 和指向数组的指针 s。下面的程序给出了顺序栈类的定义和实现，它是 Stack 类的派生类，存入头文件 seqstack. h 中。

```
#include "stack.h"
template <class T>
```

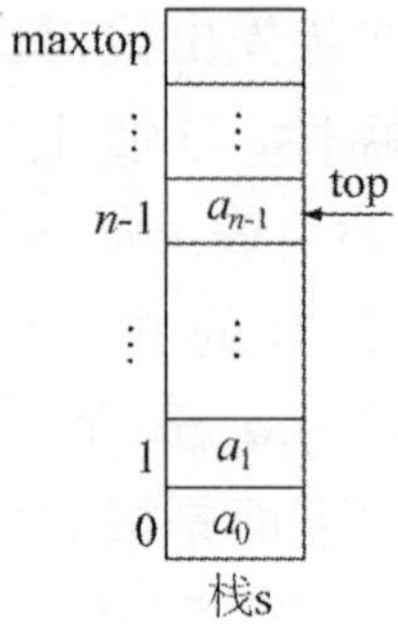

```
class SeqStack:public Stack <T>
{
Public:
    SeqStack(int mSize);
    ~SeqStack(){ delete [ ]s;}
    Bool IsEmpty( ) const {return top =
    = -1;}
    Bool IsFull( ) const {return top = =
        maxTop;}
    Bool Top(T&x) const;
    Bool Push(T x);
    Bool Pop( );
    Void Clear( ) {top = -1; }
private:
    int top;  //栈顶指针
    int maxTop;  //最大栈顶指针
    T * s;
};
template <class T >
Seqstack <T > ::Seqstack(int mSize).
{
    max Top = mSize - 1;
    s = newT[mSize];
    top = -1;
}
template <class T >
bool SeqStack <T > ::Top(T&x) const
{
    if(IsEmpty( ))  {
```

maxtop
n-1
1
0
top
a_{n-1}
a_1
a_0
栈s

图 3-2 顺序栈

```
        cout << "EllfIpty"  << endl;return false;
    }
    x = s[top];return true;
}
template < class T >
bool SeqStack < T > ::Push(T x)
{
    if(IsFull())  {    //溢出处理
        cout << "Overflow"  << endl;return false;
}
s[ ++top] = x;return true;
}
Template  < class T >
Bool SeqStack  < T > ::Pop()
{
    if(IsEmpty()) {    //空栈处理
        cout << "Underflow"  << endl;return false;
}
top - - ;return true;
}
```

2. 栈的链式存储结构与操作

栈的链式存储结构，也称为链栈，它是一种限制运算的链表，即规定链表中的插入和删除运算只能在链表开头进行。如图3-3所示，是链栈结构示意图。链栈的数据类型描述与线性表的单链表数据类型描述相同。

在这里，我们将链栈的五种栈运算介绍如下：

(1)栈初始化

```
void inistack(1ink * top)
{
```

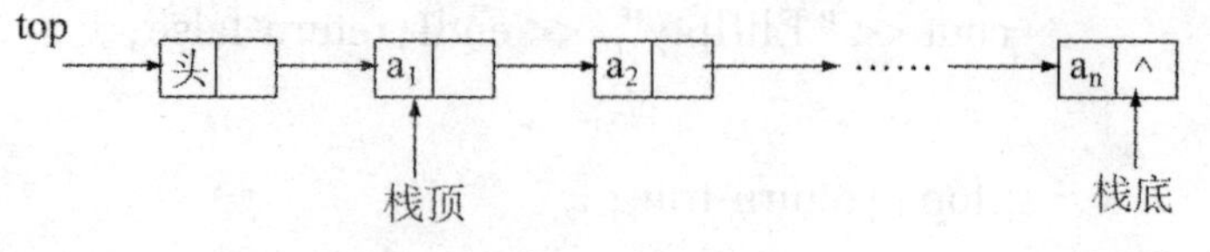

图 3-3　链栈结构示意图

```
  top - > next = NULL;
}
```

(2)判栈空

```
int empty(1ink * top)
{
if(top - > next = = NULL)
retum(1);
else
retum(0);
}
```

(3)进栈运算

```
void push(1ink * top,lnt x)
{
1ink * s;
s = new link;
s - > data = x;
s - > next = top - > next;
top - > next = s;
}
```

(4)取栈顶元素

```
Elemtype gettop(1ink * top)
{
if(top - > next!  = NULL)
return(top - > next - > data);
```

```
else
  retum(NULL);
}
```

(5)退栈运算

```
void pop(1ink * top)
{
link * s;
s = top - > next;
if(s!  = NULL)
{
top - > next = s - > next;
delete(s);
}
}
```

从上述算法可知,它们的时间复杂度都为 $O(1)$。

3.2 队列

3.2.1 队列的基本概念与操作

队列(queue)简称队,也是一种操作受限的线性表,其限制是仅允许在表的一端进行插入操作,而在表的另一端进行删除操作。把进行插入操作的一端称作队尾(rear),进行删除操作的一端称作队首(front)。向队列中插入新元素称为进队或入队,新元素进队后就成为新的队尾元素;从队列中删除元素称为离队或出队,元素离队后,其后继元素就成为队首元素。由于队列的插入和删除操作分别是在各自的一端进行的,每个元素必然按照进入的次序离队,所以又把队列称为先进先出(FIFO)表。

在日常生活中,人们在购物或等车时所排的队就是一个队列,新来购物或等车的人接到队尾(即进队),站在队首的人购到物品或上车后离开(即出队),当最后一人离开后,则队列为空。

如图3-4所示,是一个有5个元素的队列。入队的顺序依次为a_1、a_2、a_3、a_4和a_5,出队时的顺序依然是a_1、a_2、a_3、a_4和a_5。

出队 ← a_1 a_2 a_3 a_4 a_5 ← 入队

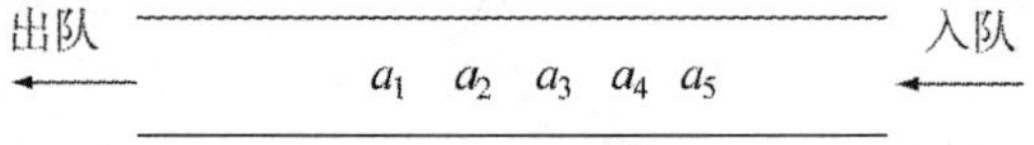

图3-4 队列示意图

下面是队列的抽象数据类型描述:

ADT Queue{

实例

操作受限的线性表,一端称为front,另一端称为rear

操作

Queue():创建一个空队列

IsEmpty():如果队列为空,则返回true;否则返回false

IsFull():如果队列满,则返回true;否则返回false

GetFront():返回队列的第一个元素

EnQueue(x):向队列中添加元素x

Dequeue():删除队首元素,并返回

}

3.2.2 队列的存储结构与操作

和栈相同,队列也有顺序和链式两种存储结构,同时,为了克服顺序中的假溢出,又发展了循环队列,但是需要注意的是,循环队列属于顺序队列。

1. 顺序队列

顺序队列使用数组存储数据元素,操作描述如图3-5所示。

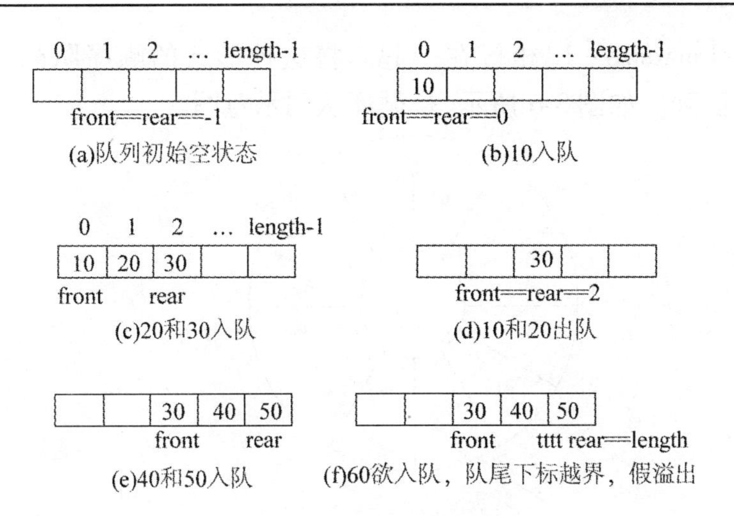

图3-5 顺序队列存在假溢出现象

①当队列空时,设置队头、队尾下标 front = = rear = = -1。

②当第一个元素入队时,front = = rear = = 0,同时改变两个下标。

③入队操作,元素存入 rear 位置,rear ++。

④出队操作,返回 front 队头元素,front ++。

⑤当入队的元素个数(包括已出队元素)超过数组容量时,rear 下标越界,数据溢出,此时,由于之前已有若干元素出队,数组前部已空出许多存储单元,所以,这种溢出并不是因存储空间不够而产生的,称之为假溢出。

顺序队列存在两个缺点,其一是假溢出;另一个是一次入队/出队操作需要同时改变两个下标。

顺序队列之所以会产生假溢出现象,是因为顺序队列的存储单元没有重复使用机制。解决的办法是将顺序队列设计成循环结构。

2. 循环队列

为了克服顺序队列中假溢出,通常将一维数组 queue[0]到 q[maxsize - 1]看成是一个首尾相接的圆环,即 queue[0]与

queue[maxsize-1]相接在一起。将这种形式的顺序队列称为循环队列。如图 3-6 所示,是循环队列示意图。

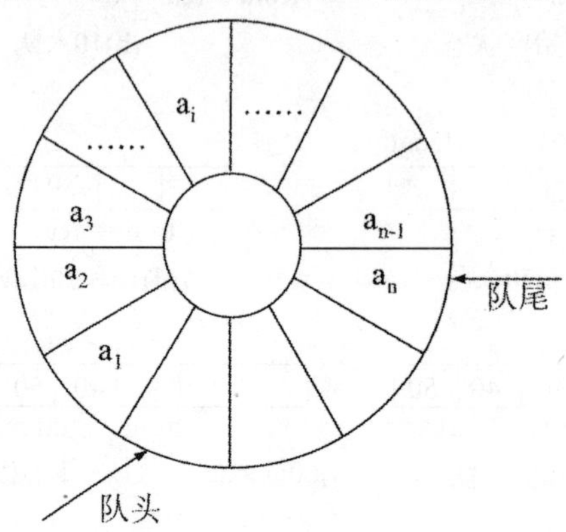

图 3-6　循环队列示意图

这时,可以不必浪费掉存储单元 queue[0],但是,必须规定头指针 front 指向的是队头前一位置,尾指针 rear 指向当前队尾。在循环队列中,若 front = rear,则称为队空,若(rear+1)% maxsize = front,则称为队满,这时,循环队列中能装入的元素个数为 maxsize-1,即浪费一个存储单元,但是这样可以给操作带来较大方便。①

在这里,我们将循环队列上的五种运算实现介绍如下:

(1)队列初始化

```
Void INIQUEUE(seqqueue&q)
{    q.front = q.rear = maxsize - 1;
}
```

(2)进队列

```
Void enqueue(seqqueue    &q,elemtype x)
{
        if((q.rear + 1)% maxsize = = q.front) cout << " over-
```

① 李根强. 数据结构:C++描述. 北京:中国水利水电出版社,2001

```
    flow";
    else {q.rear=(q.rear+1)%maxsize;
        q.queue[q.rear]=x;
        }
}
```

(3)出队列

```
Void dlqueue(seqqueue &q)
{
    if(q.rear= =q.front) cout<<"xunderflow";
    else
    q.front=(q.front+1)%maxsize;
}
```

(4)取队头元素(注意得到的应为头指针后面一个位置值)

```
elemtype gethead(seqqueue q)
{
    if(q.rear= =q.front)
    {cout<<"underflow";returm NULL;)
    Else
    retum q.queue[(q.front+1)%maxsize];
}
```

(5)判队列空否

```
int empty(seqqueue q)
{
  if(q.rear= =q.front)
    reum1;
      else return 0;
}
```

3. 链队列

像栈一样,一个队列也可以使用链式存储结构来实现。链式存储的队列称为链队列。在链队列中也需要两个变量 front 和 rear 来分别跟踪队列的队首和队尾,这时有两种可能的情形:从 front 开始链接到 rear 或从 rear 开始链接到 front。不同的链接方向会使添加和删除操作的难易程度有所不同。显然,两种链接方向都很适合于添加操作,而从 front 到 rear 的链接更便于删除操作的执行。因此,下面采用从 front 到 rear 的链接模式。

如图 3-7 所示,是链队列示意图。队首指针 front 和队尾指针 rear 是两个独立的指针变量,从结构性上考虑,通常将二者封装在一个结构中。

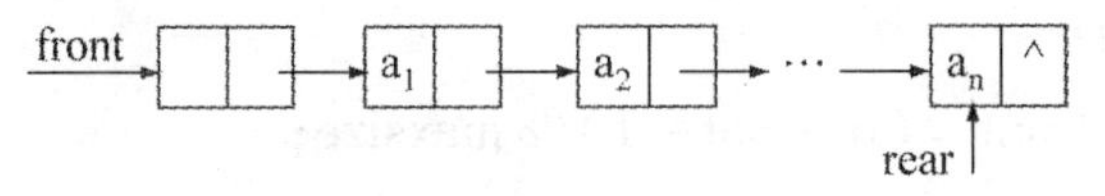

图 3-7 链队列示意图

链队列的类型定义如下:

```
//链队列类型定义:lqueue. h 头文件
#ifndef LinkedQueue_
#define LinkedQueue_
#include "node. h"
#include "xcept. h"
template <class T >
class LinkedQueue {    //先进先出对象
public:
    LinkedQueue() {front = rear = 0;} //构造函数
    ~LinkedQueue();                    //析构函数
    bool IsEmpty() const
    { return((front) ? false:true);}
    T GetFront() const;             //返回队首元素
    T GetRear() const;              //返回队尾元素
    LinkedQueue <T> & EnQueue(const T& x);
```

```
    LinkedQueue <T> & DeQueue(T& x);
private:
    Node <T>  * front;   //指向队首结点
    Node <T>  * rear;    //指向队尾结点
};
#endif
```

按这种思想建立的带头结点的链队列如图3-8所示。

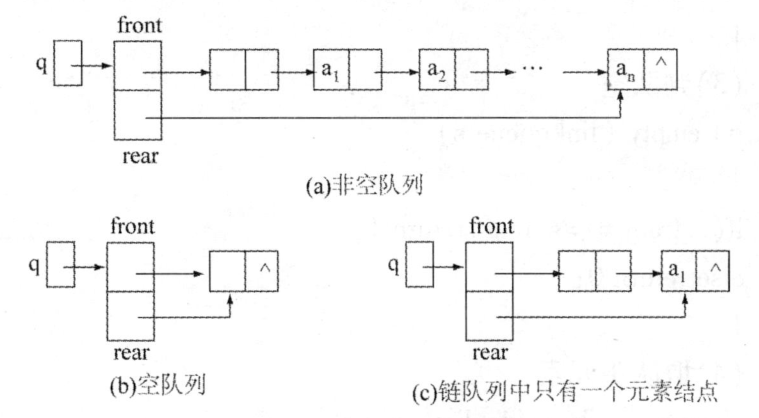

图3-8 队首指针和队尾指针封装在一起的链队列

同样,链队列上也可以给出五种运算如下:

(1)链队列上的初始化

```
void INIQUEUE(1inkqueue &s)
{
  link  * p;
        p = new link;
        p - > next = NULL;
        s. front = p;
s. rear = p;
}
```

(2)入队列

```
void push(1inkqueue &s,elemtype x)
```

```
{
  1ink  * p;
      p = new link;
      p - > data = x;
      p - > next = s. rear - > next;
s. rear - > next = p;
s. rear = p;
}
```

(3)判队空

```
int empty (linkqueue s)
{
if( s. front = = s. rear) return 1;
else return 0;
}
```

(4)取队头元素

```
elemtype gethead( 1inkqueue s)
{
if( s. front = = s. rear)  return NULL;
  else return s. front - > next - > data;
}
```

(5)出队列

```
void pop( 1inkqueue & s)
{
link  * p;
     p = s. front - > next;
     if( p - > next = = NULL)
                    //链队列中只有一个队头元素,无其他元素
{
  s. front - > next = NULL;
```

```
    s.rear = s.front;
    }
else
    s.front -> next = p -> next;
    delete(p);
    }
```

从上述出队列算法中可知,若链队列中只有一个元素时,需作特殊处理(用 if 语句判断),修改队尾指针。为了避免修改队尾指针,我们可以采用一种改进的出队列算法。其基本思想是:出队列时,修改头指针,删除头结点而非队头结点,这时,将队头结点成为新的头结点,队列中第二个结点成为队头结点。这时,不管队列中有多少个元素,都不需作特殊处理(不需用 if 语句来判断),这种改进的算法如下:

```
void pop(linkqueue &s)
{
    link  *p;
        p = s.front;
        s.front = p -> next;
        delete(p);
}
```

上述算法的时间复杂度都为 $O(1)$

3.3 递归

3.3.1 递归的定义与算法实现

递归是数学中一种重要的概念定义方式,递归算法是软件设计中求解递归问题的方法。数学中的许多概念是递归定义的,即用一个概念本身直接或间接地定义它自己。例如,阶乘函

数$f(n)=n!$ 定义为

$$n! = \begin{cases} 1, & n=0,1 \\ n\times(n-1)!, & n\geqslant 2 \end{cases}$$

再如,Fibonaccl 数列是首两项为 0 和 1,以后各项是其前两项值之和的数据序列

$$\{0,1,1,2,3,5,8,13,21,34,55,\cdots\}$$

数列的第 n 项 $f(n)$ 递归定义为

$$f(n) = \begin{cases} n, & n=0,1 \\ f(n-1)+f(n-2), & n\geqslant 2 \end{cases}$$

递归定义必须满足以下两个条件:

①边界条件。至少有一条初始定义是非递归的,如$1!=1$。

②递推通式。由已知函数值逐步递推计算出未知函数值,如用$(n-1)!$ 定义 $n!$。

边界条件与递推通式是递归定义的两个基本要素,缺一不可,并且递推通式必须在经过有限次运算后到达边界条件,从而能够结束递归,得到运算结果。

一般地,使用递归定义的函数,也很适合使用递归的算法来实现。如计算阶乘的函数 ffact,很自然地按照 n 的递归定义加以实现。这种编程方法既简单又不容易出错,所以是一种好的编写程序的方法。当然,求 n 的阶乘这个问题并不复杂,使用循环语句也很容易实现,这两种实现方式的难易程度不相上下。对有些问题,递归的实现方法要比非递归的实现方法容易。数据结构原则上都可以采用递归的方法来定义。但是习惯上,许多数据结构并不采用递归方式,而是直接定义,如线性表、字符串和一维数组等,其原因是这些数据结构的直接定义方式更自然、更直截了当。使用递归方法定义的数据结构常称为递归数据结构。

求自然数 n 的阶乘的算法如下:

```
Long rfact(int n){          //计算 n 的阶乘
```

```
    if(n < =1)return 1;
    return n * rfact(n -1);   //递归调用
}
```

斐波那契数列的数学表达式使用递归方式定义，所以很方便编写一个递归函数来计算其第 n 项的值，如下所示：[①]

```
Int fib(int n)
{
    if(n = =0) return 0;
    if(n = =1) return 1;
    if(n >1) return fib(n -1) +fib(n -2);
    cout << "error input" << endl;
    return  -1;
}
```

函数 *fib*(*n*)中又调用了函数 *fib*，这种过程或函数过程自己调用自己的做法称为递归调用，包含递归调用的过程称为递归过程。从实现方法上说，递归调用与调用其他子程序没有什么两样。设有一个过程 p，它调用 $q(x)$，p 被称为调用过程，而 q 称为被调过程。在调用过程 p 中，使用 $q(a)$ 来引起被调过程 q 的执行，这里 a 是实在参数，x 称为形式参数。当被调过程是 p 本身时，p 就成为递归过程。有时，递归调用还可以是间接的。

递归算法的优点在于程序非常简洁和清晰，且易于分析。但它的缺点是费时间、费空间。

首先，系统实现递归需要有一个系统栈，用于在程序运行时间处理函数调用。系统栈是一块特殊的存储区。当一个函数被调用时，系统创建一个工作记录，称为栈帧，并将其置于栈顶。初始时只包括返回地址和指向上一个帧的指针。当该函数调用另一个函数时，调用函数的局部变量、参数将加到它的栈帧中。

① 熊岳山.数据结构(C++描述).北京:清华大学出版社,2012

一旦一个函数运行结束，将从栈中删除它的栈帧，程序控制返回原调用函数继续执行下去。假定 main 函数调用函数 a_1，如图 3-9(a)所示，为 main 函数系统栈，而图 3-9(b)所示，为包括函数 a_1 的系统栈。由此可见，递归的实现是费空间的。此外，这样的进栈出栈也是费时的。

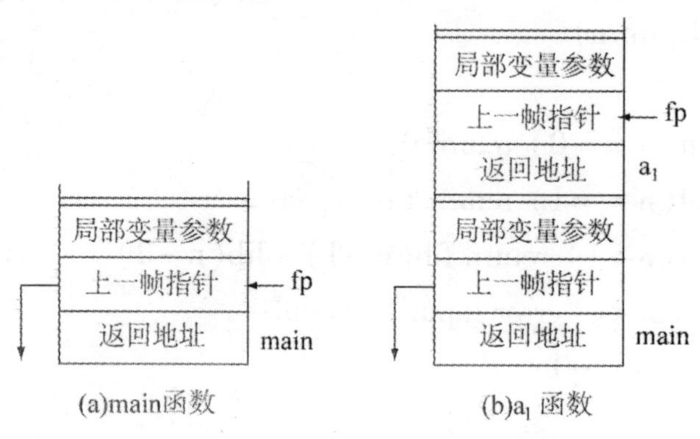

图 3-9　系统栈示意图

其次，递归是费时的。除了上面提到的局部变量、形式参数和返回地址的进栈出栈，以及参数传递需要消费时间外，重复计算也是费时的主要原因。我们用所谓的递归树来描述计算斐波那契级数的过程。现在考察 *fib*(4)的执行过程，这一过程的执行如图 3-10 所示的递归树。从图 3-10 中可见，主程序调用 *fib*(4)，*fib*(4)分别调用 *fib*(2)和 *fib*(3)，*fib*(2)又分别调用 *fib*(0)和 *fib*(1)，……其中，*fib*(0)被调用了 2 次，*fib*(1)被调用了 3 次，*fib*(2)被调用了 2 次。所以许多计算工作是重复的，当然这是费时的。

此外，除了返回值和引用值外，其他参数和局部变量值都不再需要，因此可以不用栈，直接用循环形式得到非递归过程，从而提高程序的执行效率。

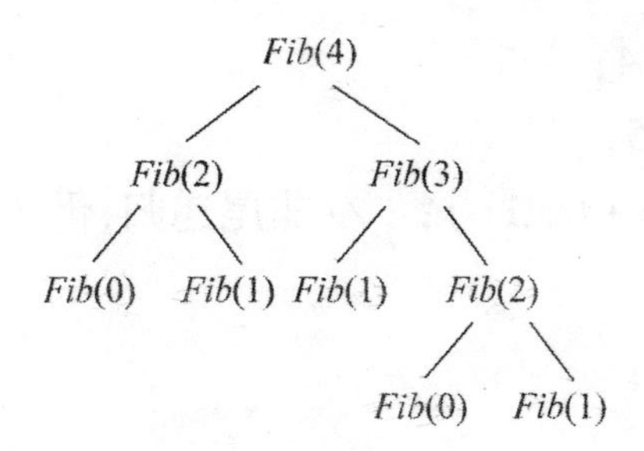

图3-10　*fib*(4)的递归树

3.3.2　尾部递归函数与递归的应用

1. 尾部递归函数

正因为递归算法的上述缺点，如果可能，常常将递归改为非递归，即采用循环方法来解决同一问题。如果一个递归过程中的递归调用语句是递归过程的最后一句可执行语句，则称这样的递归为尾递归。尾递归可以容易地改为迭代过程。因为当递归调用返回时，总是返回上一层递归调用语句的下一句语句处，在尾递归的情况下，正好返回到函数的末尾，因此不再需要利用栈来保存返回地址。

使用尾部调用的递归称为尾部递归。通过下面代码来说明尾部调用的含义：

```
int test1()
{
    int a=3;
    test 1();    //递归，非尾递归
      //返回后继续处理
    a=a+4;
    return a;
}
int test2()
{
```

```
    int q  =4;
    q = q +5;
    return q + test1();   //非尾递归,仍然有加法要做
}
int test3()
{
    int b =5;
    b = b +2;
    return test1(); //尾递归
}
int test4()
{
    test3();           //不在尾位置
    test3();           //不在尾位置
    return test3();   //在尾位置
}
```

可见,要使调用成为真正的尾部调用,在尾部调用函数返回之前,对其结果不能执行任何其他操作。由于在函数中不再做任何事情,那么函数实际的栈结构也就不需要了。但唯一的问题是,很多程序设计语言和编译器不知道如何除去没有用的栈结构。如果能找到一种除去这些无用栈结构的方法,那么尾部递归函数就可以在固定大小的栈中运行。在尾部调用之后除去栈结构的方法称为尾部调用优化。一旦控制权传递给了尾部调用的函数,栈中就再也没有有用的内容了。虽然占据着空间,但函数的栈结构此时实际上已经没有用了。因此,尾部调用优化就是要在尾部进行函数调用时使用下一个栈结构覆盖当前的栈结构,同时保持原来的返回地址。

优化的本质是对栈进行处理。由于不再需要活动记录,所以删掉它,并将尾部调用的函数重定向返回到调用函数。这意

味着必须手工重新编写栈来仿造一个返回地址,以使尾部调用的函数能直接返回到调用它的函数。

随着被调用次数的增加,某些种类的递归函数会线性地增加对栈空间的使用。不过,尾部递归函数不管递归有多深,栈的大小都保持不变。

2. 递归的应用——汉诺塔问题

汉诺塔问题也称为汉诺塔难题,是由法国数学家 Edouard Lucas 于1880年发明的。它是使用递归方法解决问题的极好例证。

这个难题包括三根竖柱(设为柱 A、柱 B 和柱 C)和一组(n 个)中间有洞能在柱上滑动的盘子。每个盘子有不同的直径。初始时,所有的盘子从小到大依次叠放在柱 A 上,最大的盘子在最下面。

难题的目标是,将所有的 n 个盘子从柱 A 移动到柱 B 上。可以借用“额外”的柱 C 作为临时放盘子的地方,但必须遵守下面三条规则:

①一次只可以移动一个盘子。

②任何时候都不能把大盘子压在小盘子上。

③除去盘子在两个柱间移动的瞬间,所有的盘子都必须在柱子上。

这些规则表明,必须先将小盘子移开不碍事,才能将大盘子从一个柱子移到另一个柱子上。为了叙述的方便,我们给这 n 个盘子编号,自小到大编号为从 1 到 n,即最小的盘子为 1 号,次小的为 2 号,依次类推,最大的盘子为 n 号。

根据以上规则,把 n 个盘子从柱 A 移到柱 B,当 $n=1$ 时,可以直接将这个盘子从柱 A 移到柱 B。当 $n=2$ 时,直接在柱 A 和柱 B 之间移动显然不可能,此时必须借助于柱 C。先把 1 号盘子移到柱 C,把 2 号盘子移到柱 B,然后再把 1 号盘子移到柱 B 的 2 号盘子之上。可以将这个思想扩展到任意多个盘子。当

n >1时,分如下三个阶段进行:

①把柱 A 上从 1 号到 $n-1$ 号的盘子依规则全部移到柱 C上。

②把柱 A 中留下的唯一的盘子(n 号盘子)移到柱 B 上。

③把柱 C 上的 $n-1$ 个盘子依规则移到柱 B 上,放到 n 号盘子的上面。

如果分解的这三个阶段的任务都可以完成,就代表原始的问题也可以顺利解决。这三个阶段中,第二阶段只移动一个盘子,所以可以立即完成。而第一阶段和第三阶段是类似的,完成的任务都是借助于第三根柱子将 $n-1$ 个盘子从一根柱子移动到另一根柱子,它们的差别只有柱号不同。这个问题与初始的汉诺塔问题是类似的,只是问题更加简单一些。初始问题是移动 n 个盘子,而分解后的问题是移动 $n-1$ 个盘子。也就是说,在汉诺塔的求解过程中,我们将移动 n 个盘子的问题分解为移动 1 个盘子和移动 $n-1$ 个盘子的问题,而移动 $n-1$ 个盘子的过程又遵从移动 n 个盘子的规则,这就是递归。

汉诺塔问题的求解过程如下:

```
void hanoi(int n,char a,char b,char c)
    //n 个盘子从柱 A 移到柱 B 借助于柱 C
{
    if(n = =1) move(1,a,b); //只有一个盘子时
    else
    {
        hanoi(n-1,a,c,b);
            //上面的 n-1 个盘子从柱 A 移到柱 C
        move(n,a,b);
        hanoi(n-1,c,b,a);
            //柱 C 上的 n-1 个盘子移回到柱 B
    }
```

```
}
```

这里的 move(m,x,y)是一个很简单的函数,它只表示将编号为 m 的盘子由柱 x 移到柱 y。

```
void move(int n,char a,char b)
{
    cout << n << "#" << "from" << a << "to" << b << " " <
    < endl;
}
```

第4章　串及模式匹配算法

串也称字符串,是一种特殊的线性表,其数据元素仅有一个字符组成。计算机上的非数值处理对象基本上是字符串,在计算机的相关应用领域,字符串越来越受到重视。字符串有自身独特性,常常把一个字符串单独作为一个整体来处理,在各种不同类型的应用中,所处理的字符串有不同的特点。模式匹配算法是字符串的重要算法之一,这一运算的应用十分广泛。本章我们将对字符串及模式匹配算法展开讨论分析。

4.1　串的定义及其运算

1. 串的定义

串是零个或多个字符组成的有限序列。一般记为

$$s = "a_1a_2a_3\cdots a_{n-1}a_n",(n\geqslant 0)$$

其中,s 为串名,用双引号括起来的字符序列是串值;$a_i(1\leqslant i\leqslant n)$ 可以是字母、数字或其他字符;串中包含的字符个数称为串的长度。①

长度为零的串称为空串,它不包含任何字符。一个或多个空格字符组成的串称为空白串或空格串,要特别注意空串和空白串的区别。字符串中任意个连续字符组成的子序列称为该串的子串;包含子串的串相应地称为主串。

例如,假设 A,B,C 为如下三个串:

A = "This is a stnng"

① 苏仕华,刘燕军,刘振安. 数据结构:C++语言描述. 北京:机械工业出版社,2014

B = " string"

C = " is a"

则它们的长度分别为16、6和4，并且C和B都是A的子串，C在A中位置是6而不是3，B在A中的位置是11。

在程序设计语言中，使用的串通常分为串变量和串常量。串常量必须用一对双引号括起来，但双引号本身不属于串。例如，语句"char x[6] = "12345";"说明x是一个串变量，也叫字符数组，赋给它的串值是字符序列12345。

串的逻辑结构和线性表相似，区别仅在于串的数据对象限制于字符集。然而，串的基本运算同线性表有很大的差别。在线性表的基本运算中，多以"单个元素"作为运算对象；而在串的基本运算中，通常以"串的整体"作为运算对象，如查找子串、取子串、插入子串、删除子串等。

2. 串抽象数据类型

串与线性表是不同的抽象数据类型，两者的操作不同。串抽象数据类型String声明如下，包括创建一个串、求串长度、读取/设置字符、求子串、插入、删除、连接、判断相等、查找、替换等操作，其中求子串、插入、查找等操作以子串为单位，一次操作可处理若干字符。

```
ADT String        //串抽象数据类型
{
bool empty()   //判断串是否为空
int count()   //返回串长度
char&operator[](int i)
                //重载下标运算符，引用第(i≥0)个字符
bool operator==(String&str)
                //重载==运算符，比较两串是否相等
bool operator<(String&str)
                //重载<运算符，比较两串大小
```

```
String substring(int i,int len)
                    //返回从第i个字符开始长度为len的子串
void insert(int i,String&str)
                    //在第i个字符处插入串str
void operator + =(String&str)
                    //重载+=运算符,在*this之后连接str串
void remove(int i,int len)
                    //删除从第i个字符开始长度为len的子串
int search(Strin&pattem)
                    //返回首个与模式串pattem匹配的子串序号
void removeAll(String&pattem)
                    //删除所有与pattem匹配的子串
void replaceAll(String&pattem,String&str)
                    //替换所有与pattem匹配的子串为str
}
```

4.2 串的顺序存储结构

4.2.1 串的顺序存储结构

串有顺序存储和链式存储两种存储结构,本节我们先来讨论串的顺序存储结构。

串的顺序存储结构称为顺序串,这种结构采用字符数组将串中的字符序列依次连续存储在数组的相邻单元中,如图4-1

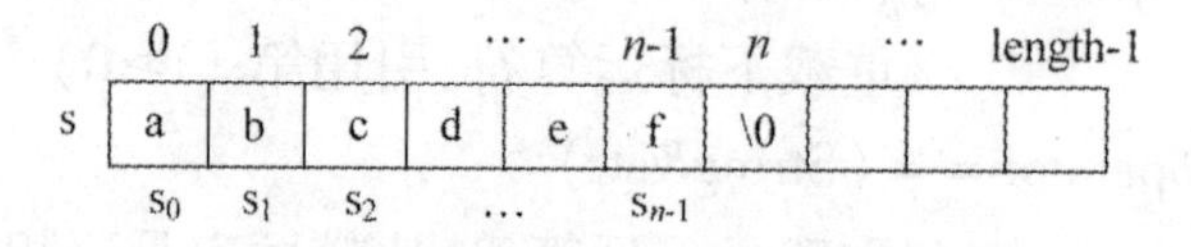

图4-1 串的顺序存储结构

所示,通常数组容量length大于串长度n。顺序存储的串具有

随机存取特性，存取指定位置字符的时间复杂度为 $O(1)$；缺点是插入和删除元素时需要移动元素，平均移动数据量是串长度的一半；当数组容量不够时，需要重新申请一个更大的数组，并复制原数组中的所有元素。插入和删除操作的时间复杂度为 $O(n)$。

为了完整地描述顺序串，要给出串的最大存储空间等，因此，顺序串的类型定义与顺序表的类定义类似。

```
class SeqString{
    public:
      SeqString(int MaxStrSize =256);//默认构造函数
      SeqString(char * );               //构造函数
      SeqStrinq(seqString&t);   //拷贝(复制)构造函数
      int StrLength();                  //求串长
      int StrCom(SeqStringt);          //串比较
      void StrCon(SeqString s,SeqString t);//串连接
      int index(SeqStringt);          //子串定位
    void SubStr(SeqStrings,intstart,intlen);   //取子串
    void PrintStr(){cout << str << endl;};        //输出串
    priVate:
      int MaxSize;
char * str;
};
```

4.2.2　顺序串基本操作的实现

设串结束用'\0'来标识。这里主要讨论顺序串的初始化、赋值、连接、求子串和串比较等操作。

1. 初始化串

由于在自定义的 Astring 类中包含有指向动态分配空间的指针，除了像顺序表那样定义一个构造函数完成初始化工作外，

还需要自己定义拷贝构造函数以正确完成用已有的对象构造新字符串的工作。

```
//构造函数
AString::AString(const char * init,int sz)
{
    int initLength = strlen(init);
    MaxSize = (initLength > sz)? initLength:sz;
    ch = new chat[MaxSize + 1];
    if(ch = =NULL)
    {
        cout << "内存分配失败! \n";
        exit(1);
    }
    curLength = initLength;
    strcpy(ch,init);
}
//拷贝构造函数
AString::AString(const AString&ob)
{
    MaxSize = ob. MaxSize
    ch = new chat[MaxSize + 1];
    if(ch = =NULL)
    {
        cout << "内存分配失败! \n";
        exit(1);
    }
    strcpy(ch,ob. ch);
    curLength = ob. curLength;
}
```

2. 求字符串的长度

```
int SeqString::StrLength()
{
    int i =0;
    while(str[i]! = '\0')
        i ++;
    return i;
}
```

3. 串的赋值操作

由于在自定义的 Astring 类中包含有指向动态分配空间的指针,所以需要自己重载赋值运算。赋值时可以把 C++ 字符串赋给字符串对象,也可以把字符串对象赋给另一个字符串对象。无论哪种均需要先清空待赋值的字符串对象,清空字符串对象的工作由函数 Clear()完成。

```
//清空当前字符串对象
void AString::Clear()
{
    delete[]ch;
    ch = new char[MaxSize +1];
    if(ch = = NULL)
    {
        cout << "内存分配失败! \n";
        exit(1);
    }
    ch[0] = '\0';
    curLength =0
}
//将字符串对象赋给当前字符串对象
```

```
AString&AString::operator = (AString &ob)
{
    if(&ob! =this)
    {
        Clear();
        curLength = ob.curLength;
        strcpy(ch,ob.ch);
    }
    else
        cout << "字符串自身赋值出错! \n";
    return * this;
}
//将 C++字符串赋给字符串对象
AString&AString::operator = (const char * str)
{
    int strLength = strlen(str);
MaxSize = strLength > MaxSize? strLength:MaxSize;
    Clear();
    strcpy(ch,str);
    curLength = strLength;
    return * this;
}
```

4. 串的连接

可以将两个字符串连接起来。成员函数 StrCon 将串 t 连接在串 s 的后面。

```
void SeqString::StrCon(SeqStrings,SeqStringt)
{
    int slen = Strlen(s.str);
    int len = slen + strlen (t.str) +1;
```

```
    for(int i = slen;i < len;i ++ )
        str[i] = t.str[i - slen];
                            //将字符串 t 复制到字符串 s 的后面
    str[i] = '\0';
}
```

这个算法是假设字符串 s 的后面有足够的存储空间,读者可以自行设计更可靠的算法。

5. 求子串

```
void AString::SubString
                    (AString&subs,int index,int length)
{
  if(index <0 || index + length > MaxSize || length <0)
  {
    cout << "或索引或者长度越界\n";
    exit(1);
  }
  if(IsEmpty())
    cout << "字体串对象为空\n",exit(1);
  else
  {
    char * temp = new char[1ength +1];
    if(temp = = NULL)
    {
      cout << "内存分配错误! \n";
      exit(1);
  }
      for(int i =0,j = index;i < length;i ++,j ++)
        temp[i] = ch[j];
      temp[1ength] = '\0';
```

```
        subs = temp;
    }
}
```

6. 顺序串的比较

实现顺序串(字符数组)S、T的比较运算:当S>T时,函数值为一正数;当S=T时,函数值为0;当S<T时,其函数值为一负数。实现串比较功能的算法如下:

```
int SeqString::StrCom(SeqString t1)
{
    char *S, *t;
    s = str;t = tl. str;
    while( *s = = *t&& *s!  ='\0'){
        s ++;t ++;
    }
    return *S - *t;
}
```

函数StrCom顺序比较两个字符串中的各个字符,直到遇到对应字符不同,或者左参指针遇到结束符('\0')为止。在左参数指针遇到结束符时,如果右参数指针也遇到结束符,那么两个字符串相等,函数返回值0,否则返回两指针所指字符的差,其差值若是大于0则说明左字符串大,小于0则右字符串大。

4.3 串的链式存储结构

4.3.1 串的链式存储结构

事实上,字符串也是一种线性表,因此也可以采用链式存储。用单链表存储串值的存储结构简称为链串。链串的结点类型定义类似于单链表结点,请读者自己尝试。

在串的链式存储方式中,结点大小的选择与顺序串的格式选择一样都很重要,它直接影响着串处理的效率。在各种串的处理系统中,所处理的串往往很长或很多。例如,一本书的几百万个字符,情报资料的成千上万个条目。这就要求我们考虑串值的存储密度。存储密度可定义为

$$存储密度=\frac{串值所占的存储位}{实际分配的存储位}$$

显然,结点大小越大,则存储密度越大。但存储密度越大,一些操作(如插入、删除、替换等)可能就有所不便,且可能引起大量字符移动,因此它适合于在串基本保持静态使用方式时采用。结点大小越小(如结点大小为1时),运算处理越方便,但存储密度下降。

如图4-2(a)所示,结点大小为1的链串,便于进行插入和删除操作,但存储空间利用率太低;如图4-2(b)所示,结点大小大于1的链串(即块链),能够提高存储密度,但是做插入和删除操作时,可能会引起大量字符的移动,给操作带来不便,且此时串的长度不一定正好是结点大小的整数倍,因此要用特殊字符来填充最后一个结点,以表示串的终结。图4-2(c)表示在图4-2(b)中的第3个字符插入"xyz"后的链串。

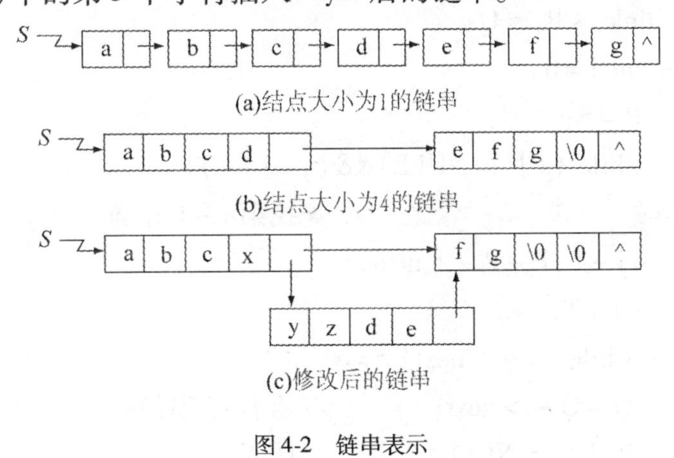

图4-2　链串表示

链串对某些串操作,如串的连接等有一定方便之处,但总的来说不如顺序串,特别是结点大小大于1时。

4.3.2 链串基本操作的实现

读者已有了顺序串和单链表的基础,故在此对链串的实现不做太多的分析,只讨论链串的插入和删除。

1. 链串的插入

仅考虑结点大小为1的链串,要在第 i 个位置插入,先用一个指针指向S串的第 $i-1$ 个位置,然后在T串中用另一个指针指向最后,如图4-3所示,是链串插入的具体实现过程,算法描述如下:

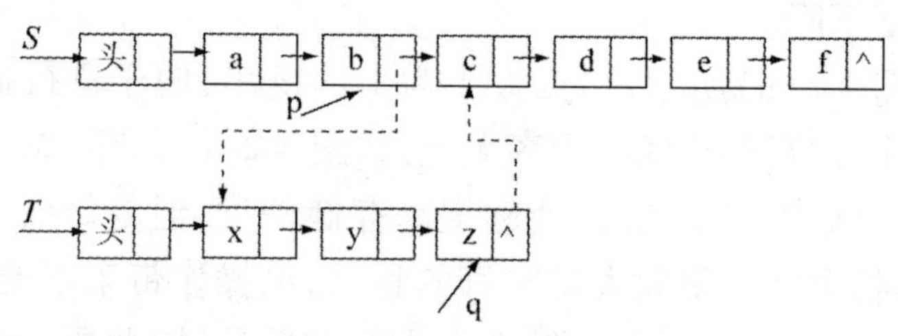

图4-3　链串上的插入($i=3$)

```
void Insert(1ink  * S,int i,link  * T)
{   link  * P, * Q;
    int j =0;
    P = S;
    while (P!  = NULL)&&(j < i - 1)
                              //查找第 i - 1 位置
    {j ++ ;P - P - > next;}
    Q = T;
    while( Q - > next!  = NULL)
    Q = Q - > next;           //查找 T 串最后一个元素
    if(P!  = NULL)            //插入
```

```
    { Q - >next = P - >next;
    P - >next = T - >next;
    }
    else
    cout << "error!"        //找不到插入位置
}
```

该算法花费的时间主要在查找上，时间复杂度为 $O(n+m)$。

2. 链串的删除

链串的删除可以分三种情形来讨论。如图4-4所示，表示链串删除的过程，假设 $i=2, j=3$，算法描述如下：[1]

```
void delete (1ink *S,int i,int j)
{
link *P, *Q;
int k =0;
P =S;
while(P! =NULL) &&(k <i -1)  //查找第 i -1 位置
    {
    k ++;P =P - >next;}
    Q =P;
    while (Q! =NULL)&&(k <i +j)
                        //查找第 i +j 位置
    {
    k ++;Q =Q - >next;}
    if(P! =NULL)    //保证 i 合法
    {
    if(Q! =NULL)  P - >next =Q;
```

① 李根强. 数据结构：C++描述. 北京：中国水利水电出版社，2001

```
        else P - > next = NULL;
    }
    else cout << " error" ;
}
```

该算法的时间复杂度为 $O(n)$。

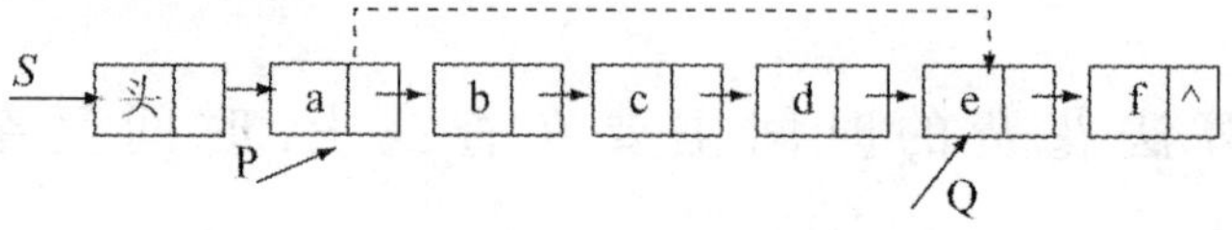

图 4-4　链串的删除($i=2,j=3$ 时的情形)

4.4　串的模式匹配算法

设有两个字符串 T 和 pat,子串定位就是要在串 T 中查找是否有与串 pat 相等的子串。通常称串 T 为目标串,称 pat 为模式串,因此子串定位也称为模式匹配。如果在串 T 中找到了与串 pat 相等的子串,则称匹配成功,此时函数返回 pat 在 T 中首次出现的位置,否则匹配失败,函数返回 -1。

模式匹配方法又称为 BF 算法。它的基本思想是用 pat 的字符依次与 T 中的字符做比较,例如:

目标串	T	t_0	t_1	t_2	…	t_{m-1}	…	t_{n-1}
		:	:	:		:		
模式串	pat	p_0	p_1	p_2	…	p_{m-1}		

如果 $t_0=p_0, t_1=p_1, t_2=p_2, \cdots, t_{m-1}=p_{m-1}$,则匹配成功,返回模式串第 1 个字符 p_0 在目标串中匹配的位置;如果在其中某个位置 i 有 $t_i=p_i$,比较不等,这时可将模式串 pat 右移一位,用 pat 中字符从头开始与 T 中字符依次比较:

目标串	T	t_0	t_1	t_2	…	t_{m-1}	t_m	…	t_{n-1}
			:	:		:	:		

模式串　pat　p_0　p_1　…　p_{m-2}　p_{m-1}

如此反复执行,直到出现以下两种情况之一,就可以结束算法。一种情况是执行到某一趟,模式串的所有字符都与目标串对应字符相等,则匹配成功。

目标串	T	t_0	t_1	…	t_i	t_{i+1}	…	t_{i+m-2}	t_{i+m-1}	…
					‖	‖		‖	‖	
模式串	pat				p_0	p_1	…	p_{m-2}	p_{m-1}	

另一种情况是 pat 已经移到最后可能与 T 比较的位置,但不是每一个字符都能与 T 匹配,这是匹配失败的情形,函数将返回 -1。

目标串	T	t_0	t_1	…	t_i	…	t_{n-m}	t_{n-m+1}	…	t_{n-3}	t_{n-2}	t_{n-1}
							‖	‖		‖	‖	
模式串	pat						p_0	p_1	…	p_{m-3}	p_{m-2}	p_{m-1}

图 4-5(a)给出了目标串 T =“xyyxyx”,模式串 pat =“xyx”时的匹配过程,而图 4-5(b)给出了目标串 T =“xyyxyx”,模式串 pat =“xxx”时的匹配过程。

第 1 趟	T	x	y	y	x	y	x
		‖	‖	‡			
	pat	x	y	x			
第 2 趟	T	x	y	y	x	y	x
			‡				
	pat		x	y	x		
第 3 趟	T	x	y	y	x	y	x
				‡			
	pat			x	y	x	
第 4 趟	T	x	y	y	x	y	x
					‖	‖	‖
	pat				x	y	x

(a)匹配成功

第 1 趟	T	x	y	y	x	y	x
		‖	≠				
	pat	x	y	x			
第 2 趟	T	x	y	y	x	y	x
			≠				
	pat		x	x	x		
第 3 趟	T	x	y	y	x	y	x
				≠			
	pat			x	x	x	
第 4 趟	T	x	y	y	x	y	x
					‖	≠	
	pat				x	x	x

(b)匹配不成功

图 4-5　模式匹配的过程

对应算法的程序如下。参数表中的 pat 是参加比较的模式串。

```
//BF 算法
int AString::Index(AString pat)
{
    for(int i =0;i < =curLength - pat.curLength;i ++)
                                                    //逐趟比较
    {
        for(int j =0;j < pat.curLength;j ++)
            //从 ch[i]开始的子串与模式串 pat.ch 比较
            if(ch[i +j]!  =pat.ch[j])break;
        if(j = =pat.curLength) return i;
                                        //pat 扫描完毕,匹配成功
    }
    return  -1;                  //pat 为空或匹配不成功
}
```

在这里,我们对 BF 算法分析分析如下:

设串 T 长度为 n,串 pat 长度为 m。在匹配成功的情况下,考虑两种极端情况。

在最好的情况下，每趟不成功的匹配都发生在第一对字符比较时。例如，T = “xxxxxxxxxxyz”，pat = “yz”。设匹配成功发生在 T_i 处，则字符比较次数在前面 $i-1$ 趟匹配中共比较了 $i-1$ 次，第 i 趟成功的匹配共比较了 m 次，所以总共比较了 $i-l+m$ 次，所有匹配成功的可能共有 $n-m+1$ 种。设从 T_i 开始与 pat 串匹配成功的概率为 p_i，在等概率情况下，$p_i = 1/(n-m+1)$。最好情况下平均比较次数为

$$\sum_{i=1}^{n-m+1} p_i \times (i-l+m) = \sum_{i=1}^{n-m+1} \frac{1}{n-m+1} \times (i-l+m) = \frac{n+m}{2}$$

即最好情况下的时间复杂度是 $O(n+m)$。

在最坏情况下，每趟不成功的匹配都发生在 pat 的最后一个字符。例如，T = “xxxxxxxxxxxz”，pat = “xxxy”。设匹配成功发生在 T_i 处，则在前面 $i-1$ 趟匹配中共比较了 $(i-1) \times m$ 次，第 i 趟成功的匹配共比较了 m 次，所以总共比较了 $i \times m$ 次。p_i 的含义及值同上。最坏情况下平均比较次数为

$$\sum_{i=1}^{n-m+1} p_i \times (i \times m) = \sum_{i=1}^{n-m+1} \frac{1}{n-m+1} \times (i \times m) = \frac{m \times (n-m+2)}{2}$$

即最坏情况下的时间复杂度是 $O(nm)$。

在前面的算法中，匹配是从 T 串的第一个字符开始的，有时算法要求从指定的位置开始，这时算法的参数表中要加一个位置参数 pos，即 AString::Index(AString pat,int pos)，比较的初始位置定位在 pos 处。前面的算法是 pos 为 1 的情况。

分析以上程序的执行过程可知，造成 BF 模式匹配算法速度慢的原因是有回溯，而这回溯是可以避免的。这也就引出了 KMP 算法。KMP 算法能将模式匹配的最坏时间复杂度控制在 $O(n+m)$，但和 BF 算法相比，增加了很大难度。

设目标串 T = " $t_0t_1t_2\cdots t_{n-1}$ ", 模式串 pat = " $p_0p_1p_2\cdots p_{m-1}$ ", $0<m\leqslant n$, KMP 算法每次匹配依次比较 $t_i(0\leqslant i<n)$ 与 $p_j(0\leqslant j<m)$:[①]

①若 $t_i=p_j$, 则继续比较 t_{i+1} 与 p_{j+1}, 直到" $t_{i-m+1}\cdots t_i$ " = " $p_0\cdots p_{m-1}$ ", 则匹配成功, 返回模式串在目标串中匹配子串序号 $i-m+1$。

②若 $t_i\neq p_j$, 表示" $t_{i-j}\cdots t_i$ "与" $p_0\cdots p_j$ "匹配失败, 目标串不回溯, 下次匹配 t_i 将与模式串的 $p_k(0\leqslant k<j)$ 比较。

KMP 算法描述如图 4-6 所示, 设 T = " abcdabcabbabcabc ", pat = " abcabc "。

①有 $t_0=p_0, t_1=p_1, t_2=p_2, t_3=p_3$; 因 $p_0\neq p_1$, 则 $t_0\neq p_1$; 因 $p_2\neq p_1$, 则 $t_0\neq p_2$; 下次匹配 t_3 与 p_2 开始比较, 目标串不回溯。

②若 $t_i\neq p_0(0\leqslant i<n)$, 则下次匹配 t_{i+1} 与 p_0 比较。

③若 $t_i\neq p_j$, $(0<j<m)$, 有" $t_{i-j}\cdots t_{i-1}$ " = " $p_0\cdots p_{j-1}$ "; 如果" $p_0\cdots p_{j-1}$ "串中存在相同的前缀子串" $p_0\cdots p_{k-1}$ " $(0\leqslant k<j)$ 和后缀子串" $p_{j-k}\cdots p_{j-1}$ ", 即

$$"p_0\cdots p_{k-1}" = "p_{j-k}\cdots p_{j-1}" = "t_{i-k}\cdots t_{i-1}"$$

④下次匹配模式串从 p_k 开始继续与 t_i 比较。

至此, 问题转化为对模式串中每一个字符 p_j 找出" $p_0p_1p_2\cdots p_{j-1}$ "串中相同的最长前缀子串和后缀子串的长度 k, k 取值只与模式串有关, 与目标串无关。

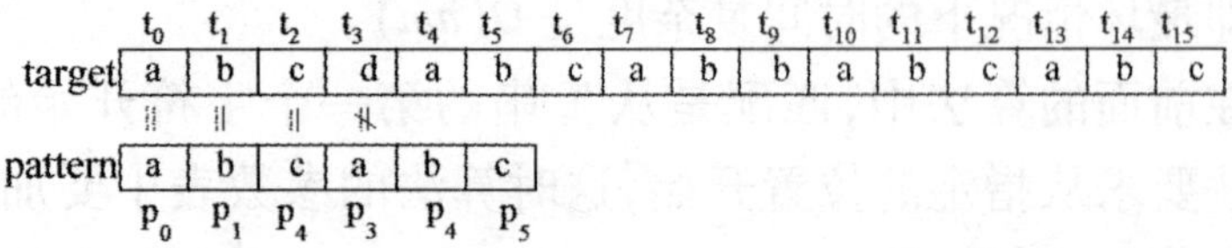

	t_0	t_1	t_2	t_3	t_4	t_5	t_6	t_7	t_8	t_9	t_{10}	t_{11}	t_{12}	t_{13}	t_{14}	t_{15}
target	a	b	c	d	a	b	c	a	b	b	a	b	c	a	b	c
	‖	‖	‖	∦												
pattern	a	b	c	a	b	c										
	p_0	p_1	p_4	p_3	p_4	p_5										

(a)第 1 次匹配, $t_0=p_0, t_1=p_1, t_2=p_2, t_3\neq p_3$, 因 $p_1\neq p_0$, 则 $t_1\neq t_0$; 因 $p_2\neq p_0$, 则 $t_2\neq p_0$; 下次匹配 t_3 与 p_0 开始比较, 目标串不回溯

(b)第 2 次匹配, $t_3\neq p_0$, 下次匹配 t_4 与 p_0 开始比较

(c)第 3 次匹配, 当 $t_i\neq p_j$ 时, 因" $p_0\cdots p_{k-1}$ " = " $p_{j-k}\cdots p_{j-1}$ " = " $t_{i-k}\cdots t_{i-1}$ " = "ab",

① 叶核亚. 数据结构: C++版(第 3 版). 北京: 电子工业出版社, 2014

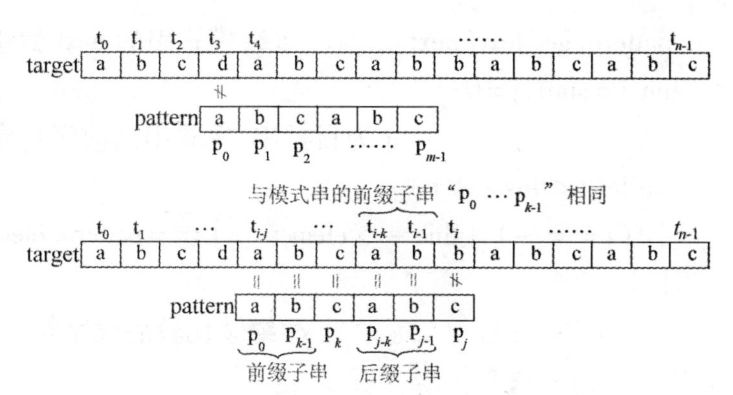

即“$p_0 \cdots p_{j-1}$”中存在相同的前缀子串和后缀子串（长度 $k=2$），则模式串下次匹配从

p_k 开始比较

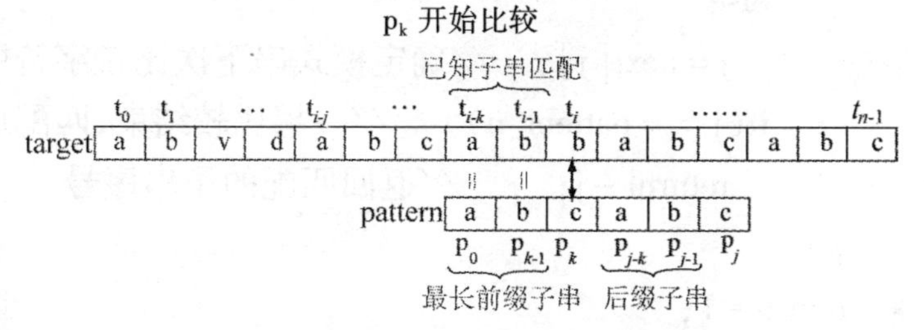

（d）第4次匹配，t_i 继续与 p_k 比较

图4-6　KMP模式匹配算法描述

由于模式串中每个字符 p_j 的 k 不同，将每个 p_j 对应 k 值保存在一个next数组中，根据上述分析，next数组定义如下：

$$\text{next}[j]=\begin{cases}-1, & \text{当} j=0 \text{时}\\ k, & \text{当} 0 \leqslant k < j \text{时且使得}"p_0 \cdots p_{k-1}"="p_{j-k} \cdots p_{j-1}"\text{最大整数}\end{cases}$$

限于本书篇幅，在这里不再关于next数组多做介绍，读者可以参阅相关资料。定义了next数组就可以分析KMF算法的实现方法了，采用KMP算法的search（）函数如下：

```
//返回在当前串从start(≥0)开始首个与模式串pattern匹
  配的子串序号,匹配失败时返回-1
intMyStigh::search(MyString&pattern,int start)
{
    int * next = new int[patterm.n];
```

```
    pattern.getNext(next);    //求得模式串的 next 数组
    int i=start,j=0;
                    //i、j 为目标串、模式串当前字符序号
    while(i<this->n)
    {if(j==-1 || this->element[i]==pattern.element
    [j])
        { i++;               //继续比较后续字符
          j++;
        }
        else
          j=next[j],  //确定模式串下次比较字符序号
        if(j==pattem.n)     //一趟比较结束,匹配成功
          returni-j;      //返回匹配的子串序号
    }
    return -1;
}
```

这里需要说明的是,限于本书篇幅,上述程序中计算模式串 next 数组的 getNext( )函数没有给出,读者可以参阅相关资料。

串的模式匹配运算可以用于子串定位,限于本书篇幅,这里不再详细分析顺序串上子串定位运算,仅就分析链串的子串定位运算。和顺序串上子串定位运算类似,但返回的值不是位置,而是位置指针。若匹配成功,则返回 T 串在 S 串中的地址(指针),若匹配不成功,则返回空指针。算法描述如下:

```
link *index (1ink *S,link *T)
                    //假设两个链串都带头结点
{ link *P,*Q,*R;
P=S->nex;
Q=T->next;
R=P;
```

```
while(P!:NULL)&&(Q!  =NULL)
if(P - >data = =Q - >data)
{ P=P - >next;Q=Q - >next;}
else
{   R=R - >next;      //指针回溯
P=R;Q=T - >next;
}
if(Q = =NULL)    //匹配成功
return R;
else return NULL;  //匹配失败
}
```

该算法时间复杂度与顺序串上的运算相同。

第5章　树与二叉树及算法实现

前面我们所讨论的数据结构主要是线性结构,线性结构只能用来描述数据元素之间的线性顺序关系,难以反映数据元素之间的层次或分支关系。树结构是数据结构中的一类重要的非线性结构,其中的结点具有明确的层次关系,并且结点之间有分支,与真正的树非常相似。树结构在现实世界中大量存在,在计算机软件领域应用十分普遍。本章我们就对树与二叉树及其算法实现展开讨论。

5.1　树

5.1.1　树的定义、表示方法及基本术语

1.树的定义

树(tree)是$n(n\geqslant 0)$个结点的有限集T。它或者是空集(空树即$n=0$),或者是非空集。对于任意一棵非空树,存在如下关系:

①有且仅有一个特定的称为根(root)的结点。

②当$n>1$时,其余的结点可分为m $(m>0)$个互不相交的有限集$T_1,T_2,\cdots,T_m$,其中每个集合本身又是一棵树,并称为根的子树。

如图5-1所示,给出树的逻辑表示,它形如一棵倒长的树。图5-1中的(a)是空树,一个结点也没有,此时我们用符号ϕ表示;图5-1中的(b)是只有一个根结点的树,没有子树;图5-1中的(c)是一棵有10个结点的树,其中A是根,一般都画在顶部,

其余结点分成三个互不相交的子集：T_1 = {B,E,F,I,J}，T_2 = {C}，T_3 = {D,G,H}。它们都是根结点 A 的子树，且本身也是一棵树。例如 T_1，其根结点为 B，其余结点分为两个互不相交的子集：T_{1l} = {E}，T_{12} = {F,I,J}，T_{1l}和 T_{12}都是 B 的子树。显然 T_{1l}是只含一个根结点 E 的树，而 T_{12}中 F 是根，{I} 和 {J} 分别是 F 的两棵互不相交的子树。由此可见，树的定义是一个递归的定义。

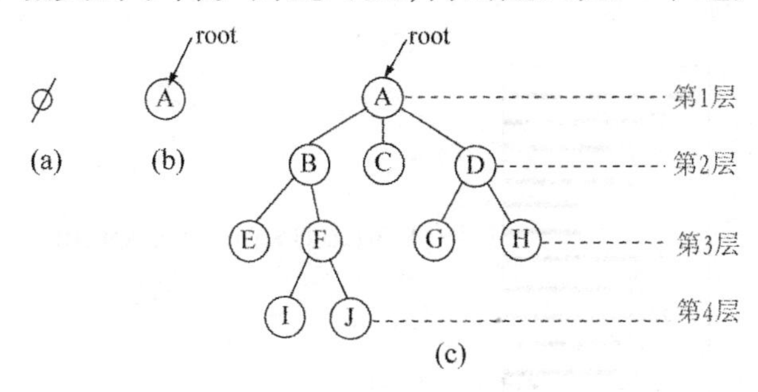

图 5-1 树的示意图

2. 树的表示方法

树有多种表示方法，但最常用的是树形图表示法。在树形图表示中，结点通常用圆圈表示的，结点名一般写在圆圈内或写在圆圈旁，如图 5-2 中的(a)所示。

在不同的应用场合，树的表示方法也不尽相同。除了树形表示法之外，通常还有三种表示方法，如图 5-2(a)中所示的树可以用图 5-2 中的(b)、(c)、(d)所示的形式表示。其中，图 5-2 (b)是以嵌套集合的形式表示的；图5-2 (c)用的是凹形表表示法；5-2 (d)是以广义表的形式表示的，树根作为由子树森林组成的表的名字写在表的左边。

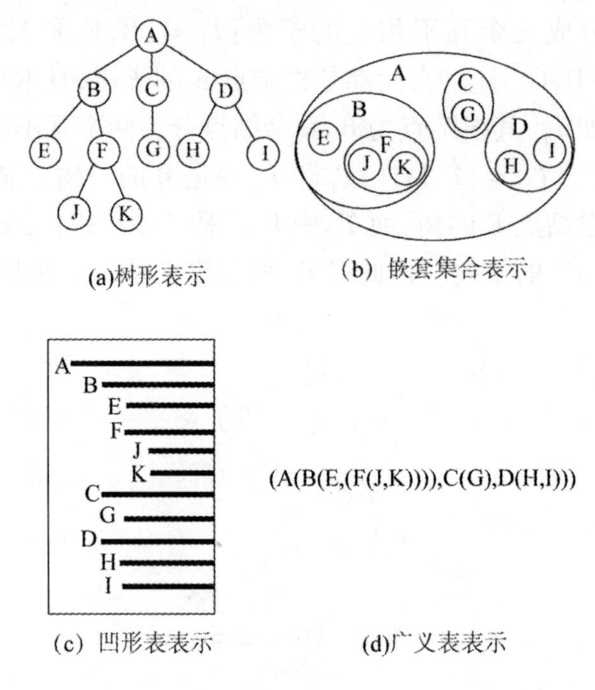

图 5-2　树的表示方法示意图

3. 树的基本术语

接下来,我们介绍一些树的常用术语。

(1)结点的度与树的度

树中某个结点的子树的个数称为该结点的度。树中各结点的度的最大值称为树的度,通常将度为 m 的树称为 m 次树。

(2)分支结点与叶子结点

度不为零的结点称为非终端结点,又叫分支结点。度为零的结点称为终端结点或叶子结点。在分支结点中,每个结点的分支数就是该结点的度。如对于度为 1 的结点,其分支数为 1,被称为单分支结点;对于度为 2 的结点,其分支数为 2,被称为双分支结点,其余类推。

(3)孩子结点、双亲结点和兄弟结点

在一棵树中,每个结点的直接后继被称作该结点的孩子结点(或子女结点)。相应地,该结点被称作孩子结点的双亲结点

(或父母结点)。具有同一双亲的孩子结点互为兄弟结点。

(4)路径与路径长度

若树中存在一个结点序列 $k_1, k_2, \cdots, k_n$,使得结点 k_i 是结点 $k_{i+1}(1 \leqslant i < n)$ 的双亲,则称该结点序列是由 k_1 至 k_n 的路径。路径长度等于路径所通过的结点数目减 1(即路径上分支数目)。显然,从树的根结点到树中其余结点均存在一条路径,而且,在树中路径是唯一的。

(5)祖先结点和子孙结点

把每个结点的所有子树中的结点称为该结点的子孙结点,从树根结点到达该结点的路径上经过的所有结点(除自身外)被称作该结点的祖先结点。

(6)结点的层次和树的高度

树中的每个结点都处在一定的层次上。结点的层次从树根开始定义,根结点为第一层,它的孩子结点为第二层,以此类推,一个结点所在的层次为其双亲结点所在的层次加 1。树中结点的最大层次称为树的高度(或树的深度)。

(7)无序树、有序树

在树的定义中,结点的子树 $T_1, T_2, \cdots T_n$ 之间没有次序,可以交换位置,称为无序树,简称树。如果结点的子树 $T_1, T_2, \cdots T_n$从左至右是有次序的,不能交换位置,则称该树为有序树。例如,如图 5-3 所示,其中的两棵树表示同一棵无序树,也可表示两棵有序树。

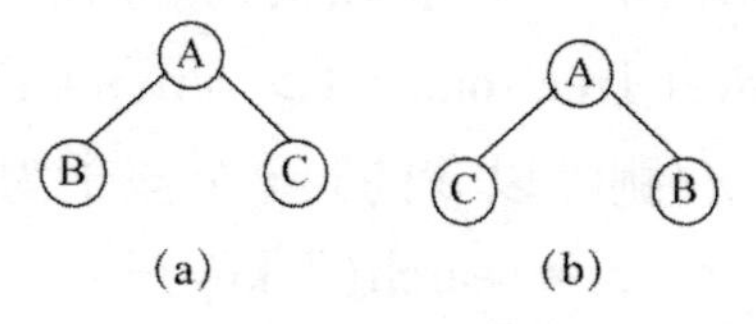

图 5-3　无序树和有序树

(8)森林

$n(n>0)$个互不相交的树的集合称为森林。森林的概念与树的概念十分相近,因为只要把树的根结点删去就成了森林。反之,只要给 n 棵独立的树加上一个结点,并把这 n 棵树作为该结点的子树,则森林就变成了树。

5.1.2 树的抽象数据类型与基本算法

1. 树抽象数据类型

树的操作主要有创建树、获得父母/孩子/兄弟结点、遍历、插入和删除等。树抽象数据类型 Tree 声明如下,其中 T 为结点的元素类型,TreeNode 为树结点类。[1]

```
ADT Tree < T >
//树抽象数据类型,T 为结点元素类型
{
    bool empty( )         //判断是否空树
    int count( )          //返回树的结点个数
    int height( )         //返回树的高度
    void preOrder( )      //输出树的先根次序遍历
    void postOrder( )     //输出树的后根次序遍历序列
    void levelOrder( )    //输出树的层次遍历序列
    void insert(T x)      //插入元素 x 作为根结点
TreeNode < T > * insert( TreeNode < T > * p,T x,int i)
                                   //插 Z,p 结点的第 i 个孩子 x
    void remove( )        //删除根,删除树
    void remove( TreeNode < T > * p,int i)
                //删除以 p 的第 i 个孩子为根的子树
    TreeNode < T > * search( T key)
                          //查找关键字为 key 结点
    int level( T key)
```

① 叶核亚. 数据结构:C++版(第 3 版). 北京:电子工业出版社,2014

```
                    //返回关键字为key元素所在的层次
    int operator = = (Tree <T> &tree)
                    //重载 = = 运算符,比较两棵树是否相等
}
```

2. 树的基本运算

由于树是非线性结构,结点之间的关系较线性结构复杂得多,所以树的运算较以前讨论过的各种线性数据结构的运算要复杂许多。

树的运算主要分为以下三大类:

①寻找满足某种特定关系的结点,如寻找当前结点的双亲结点等。

②插入或删除某个结点,如在树的当前结点上插入一个新结点或删除当前结点的第 i 个孩子结点等。

③遍历树中每个结点。

树的遍历运算是指按某种方式访问树中的每一个结点且每一个结点只被访问一次。树的遍历运算的算法主要有先序(根)遍历、后序(根)遍历和层序遍历三种。

①先序遍历算法。若树 T 为空,则空操作返回。否则

· 访问根结点。

· 按照从左到右的次序先序遍历根结点的每一棵子树 T_1, T_2, $\cdots T_n$。

②后序遍历算法。若树 T 为空,则空操作返回。否则

· 按照从左到右的次序后序遍历根结点的每一棵子树 T_1, T_2, $\cdots T_n$。

· 访问根结点。

③层序遍历算法。树的层序遍历也称为树的广义遍历,其操作定义为从树的第一层(即根结点)开始,自上而下逐层遍历,在同一层中,按从左到右的顺序对结点逐个访问。

在这里需要说明的是,上述的先序遍历和后序遍历算法都

是递归的。

5.1.3 树的存储

树的存储也有多种方式,既可以采用顺序存储,也可以采用链式存储,但无论采用何种存储方式,都要求存储结构不但能存储各结点本身的数据信息,还要能唯一地反映树中各结点之间的逻辑关系。下面介绍树的几种基本存储方式。

1. 树的顺序存储

对于树,如何才能比较合理地进行顺序存储呢?为此,首先定义树的先根次序遍历:

①访问根结点。

②从左到右依次以先根次序遍历树的诸子树(若诸子树存在)。

用树的先根次序来顺序存放结点个数为 n 的树显然无法确定树的结构。如图 5-4 所示的树,其先根次序为 ABCD,如图 5-5 所示,其中的每棵树的先根次序均为 ABCD,这说明简单地用先根次序来顺序存储无法唯一确定一棵树。但是,如果知道每个结点的度数,那么情形将完全不同。

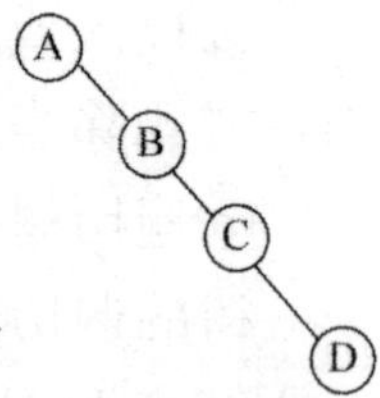

图 5-4 先根次序为 ABCD 的一棵树

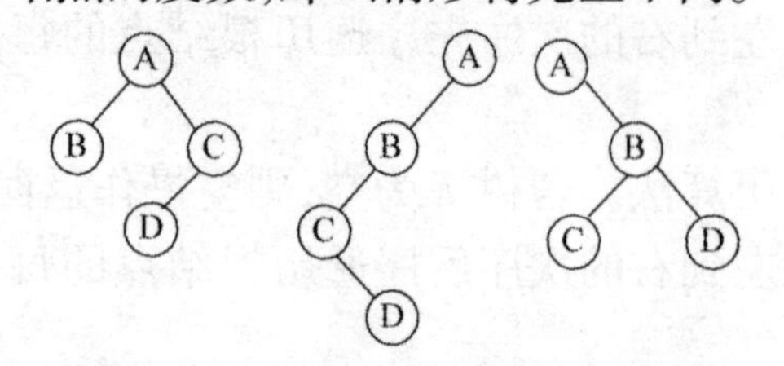

图 5-5 先根次序为 ABCD 的 3 棵树

若树只有一个结点,那么,如果已知一棵树的先根序列和每个结点的度数,则能唯一确定该树的结构。

现在假设树结点个数小于 $n(n\geqslant 2)$ 时,也有类似的结论。

当树有 n 个结点时,由树的先根序列的定义知,序列中的第一个结点为根结点(设为A)。设该结点的度数为k,$k \geq 1$(因$n \geq 2$),因此A有k个子树,且第一个子树排在最前面,而第k个子树排在最后面,并且每个子树的结点个数小于n,故由归纳假设知,每个子树能唯一确定,从而以A为根的树亦能唯一确定。所以我们可以有如下结论:

如果已知一棵树的先根序列和每个结点的度数,则能唯一确定该树的结构。

有兴趣的读者可以参阅相关资料,自行构造树。

2. 孩子链表表示法

孩子链表表示法是从结点孩子的角度描述结点之间的相互关系。由于树中结点的孩子个数不定,所以难以确定每个结点应该设置多少个指针。若每个结点均按树的度k来设置指针,则n个结点的树共有$n \times k$个指针域,但树的边只有$n-1$条,故树中空指针的数目为$k \times n-(n-1)=n(k-1)+1$。显然$k$越大,浪费的空间越多。若按每个结点的度来设置指针数,则需在每个结点中增设一个度数域来指明该结点包含的指针数目,且各个结点不等长,虽然节约了存储空间,但是给运算带来了不便。

较适宜的方法是,为树中每个结点设置一个由其孩子结点组成的链表,并将这些结点和结点的孩子链表的头指针存放在一个一维数组中,这便得到树的孩子链表表示法。所以孩子链表表示法中存在两类结点,即孩子结点和孩子链表的表头结点,其结点结构如图5-6所示。其中,child域存放孩子在一维数组中的下标;next域是指向下一个孩子的链表指针;data域存放树中结点的数据信息;firstchild域是指向第一个孩子的链表指针。

基于孩子链表表示法的C++类模板定义如下面程序:

```
#include <iostream>
using namespace std;
```

```
const int MaxTreeSize = 20;    //树中最大结点个数
struct CNode                   //孩子结点
{
    int child;           //孩子在一维数组中的下标
    CNode * next;        //指向下一个孩子的链表指针
}
template < typename T >
struct CBNode              //表头结点
{
    T data;              //树中结点的数据信息
    CNode * firstchild; //指向第一个孩子的链表指针
}
template < typename T >
class CTree
{
    public:
//基本运算
……
    private:
    CBNode < T > nodes[ MaxTreesize ];
                        //存放树的数组
    int n;          //结点个数
};
```

child	next

(a)孩子结点

data	firstchild

(b)表头结点

图5-6　树的孩子链表表示法的结点结构

3. 双亲链表表示法

双亲链表表示法利用树中每个结点双亲的唯一性,在存储结点信息的同时,为每个结点附设一个指向其双亲的指针 parent,唯一地表示任何一棵树。实现方法有如下两种。

①用动态链表实现,每个结点设置一个指向双亲的指针域和数据域。

②用向量表示,这种方法更为方便。

基于双亲链表向量表示的形式说明及实现见下面的代码:

```
template < class T >
struct pNode {
    T data;
    int parent;  //双亲的下标
};
template < class T >
class PTree {
protected:
    PNode < T > nodes[ MAX_TREE_SIZE ];
    int n;   //结点数
public:
    PTree( ) { n =0;}
    PNode < T > operator[ ]( int i)
    { return nodes[ i ];}
    PNode < T > GetNodes( int i) const
    {return nodes[ i ];}
    int PTreeSize( )
    {return n;}
};
```

如图 5-7 所示,显示了一棵树及其双亲链表表示。

图中,E 和 F 在结点的双亲域是 1,它们的双亲结点在向量中的位置是 l,即 B 是它们的双亲。

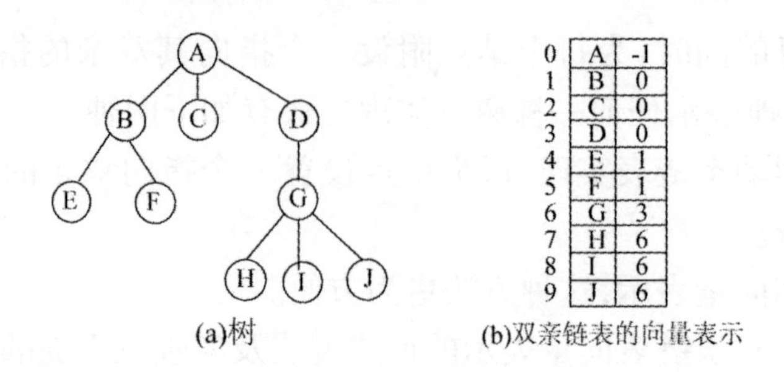

0	A	-1
1	B	0
2	C	0
3	D	0
4	E	1
5	F	1
6	G	3
7	H	6
8	I	6
9	J	6

(a)树　　(b)双亲链表的向量表示

图 5-7　树及其双亲链表表示

4. 双亲孩子表示法

这种方法是将双亲表示法和孩子表示法相结合,将各结点的孩子结点分别组成单向链表,同时用一维数组顺序存储树中的各结点,数组元素除了包括结点本身的信息和该结点的孩子结点链表的头指针之外,还增设一个域(parent),用来存储该结点双亲结点在数组中的序号。

5. 孩子兄弟表示法

树的孩子兄弟表示法又称为二叉链表表示法,其方法是链表中的每个结点除数据域外,还设置了两个分别指向该结点的第一个孩子和右兄弟的指针,结点结构如图 5-8 所示。

firstchild	date	rightsib

图 5-8　孩子兄弟表示法的结点结构

其中,data 域存储该结点的数据信息;firstchild 域存储该结点的第一个孩子结点的存储地址;rightsib 域存储该结点的右兄弟结点的存储地址。

基于孩子兄弟表示法的 C++类模板定义如下面程序:

```
template < typename T >
struct CBNode         //孩子结点
{
    T data,           //结点的数据信息
    CBNode * fiestchild, * rightsib
```

```
                    //指向第一个孩子结点和右兄弟结点的指针
}
template <typename T >
class CBTree
{
public:
    //基本运算
    private:
        CBNode * root,current,  //根指针和当前指针
};
```

5.2　二叉树

5.2.1　二叉树的基本概念与基本性质

1. 二叉树的定义

二叉树是树的一个重要类型，它是一种最简单、而且最重要的树，许多实际问题抽象出来的数据结构往往是二叉树的形式。与普通树的结构比较，二叉树在结构上更规范、更具有确定性，而且操作也较为简单。由于普通的树都可以转换为二叉树后进行处理，因此只要对二叉树研究透彻，对普通树解决起来也就不困难了，所以二叉树在计算机科学中就显得特别重要。

二叉树或者是一棵空树，或者是一棵由一个根结点和两棵互不相交的分别称作这个根的左子树和右子树所组成的非空树，左子树和右子树又同样都是一棵二叉树。二叉树的特点是每个结点至多只有两棵子树，并且二叉树的子树有左右之分，其次序不能任意颠倒。简言之，二叉树是度为2的有序树。

由二叉树的递归定义可知，二叉树可以是空树；根可以有空的左子树或空的右子树；或者左、右子树皆为空。所以二叉树只

有五种基本形态,该五种基本形态如图5-9所示。

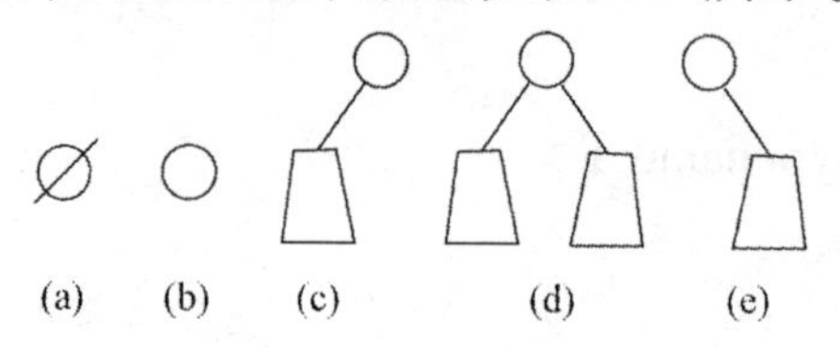

图5-9　二叉树的五种基本形态

图5-9(a)为空二叉树;图5-9(b)为仅有根结点的二叉树;图5-9(c)为有根结点和左子树、右子树为空的二叉树;图5-9(d)为有根结点、左子树、右子树的二叉树;图5-9(e)为有根结点和右子树,而左子树为空的二叉树。

2. 二叉树的特殊情形

满二叉树和完全二叉树是两种特殊情形的二叉树。分别讨论如下:

(1)满二叉树

一棵深度为k且有2^k-1个结点的二叉树称为满二叉树。如图5-10(a)所示的二叉树是一棵深度为4的满二叉树,这种树的特点是每一层上的结点数都达到最大值,因此不存在度数为1的结点,且所有叶子结点都在第k层上。

(2)完全二叉树

若一棵深度为k的二叉树,其前$k-1$层是一棵满二叉树,而最下面一层(即第k层)上的结点都集中在该层最左边的若干位置上,则称此二叉树为完全二叉树。如图5-10(b)所示的二叉树就是一棵完全二叉树,而图5-10(c)就不是一棵完全二叉树,因为最下面一层上的结点L不是在最左边的位置上。

显然,满二叉树一定是完全二叉树,但完全二叉树不一定是满二叉树。

3. 二叉树的基本性质

性质5.2.1　非空二叉树上叶子结点数等于双分支结点数

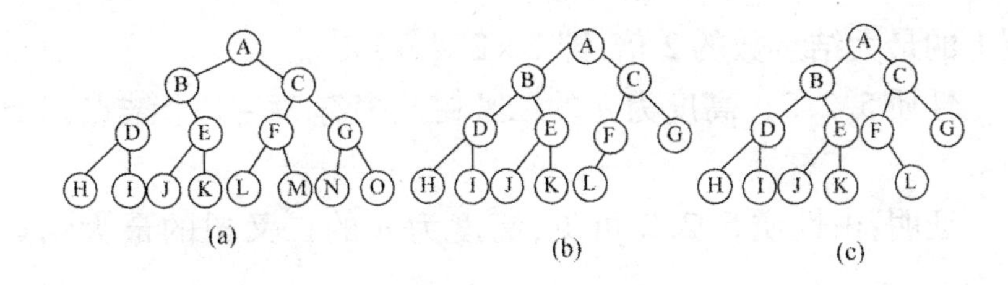

图 5-10　满二叉树和完全二叉树示意图

加 1。

证明：设二叉树上叶子结点数 n_0，单分支结点数为 n_1，双分支结点数为 n_2。（如没有特别指出，后面均采用这种设定）则总结点数为

$$n = n_0 + n_1 + n_2$$

在一棵二叉树中，所有结点的分支数（即度数）应等于单分支结点数加上双分支结点数的 2 倍，即总的分支数为

$$b = n_1 + n_2$$

由于二叉树中除根结点以外，每个结点都有唯一的一个分支指向它，因此二叉树中有

$$b = n - 1$$

由以上三个等式可得

$$n_1 + 2n_2 = n_0 + n_1 + n_2 - 1$$

即

$$n_0 = n_2 + 1$$

性质 5.2.2　非空二叉树上第 i 层上至多有 2^{i-1} 个结点（$i \geqslant 1$）。

证明：利用归纳法容易证得此性质。

当 $i = 1$ 时，只有一个根结点。显然，$2^{i-1} = 2^0 = 1$ 是对的。

现在假定对所有的 j，$1 \leqslant j < i$，命题成立，即第 j 层上至多有 2^{j-1} 个结点。那么，可以证明 $j = i$ 时命题也成立。

由归纳假设，第 $i-1$ 层上至多有 2^{i-2} 个结点。由于二叉树的每个结点的度至多为 2，故在第 i 层上的最大结点数为第 $i-1$

层上的最大结点数的2倍,即$2 \times 2^{i-1} = 2^{i-1}$。

性质5.2.3　高度为h的二叉树至多有$2^h - 1$个结点($h \geqslant 1$)。

证明:由性质5.2.2可见,高度为h的二叉树的最大结点数为

$$\sum_{i=1}^{h}(\text{第 } i \text{ 层上的最大结点数}) = \sum_{i=1}^{h} 2^{i-1} = 2^h - 1$$

性质5.2.4　具有n个($n > 0$)结点的完全二叉树的高度为$\lfloor \log_2 n \rfloor + 1$。

证明:假设高度为h,则根据性质5.2.3和完全二叉树的定义有

$$2^{h-1} - 1 < n \leqslant 2^h - 1$$

或

$$2^{h-1} \leqslant n < 2^h$$

于是

$$h - 1 \leqslant \log_2 n < h$$

因为h是整数,所以

$$h = \lfloor \log_2 n \rfloor + 1$$

性质5.2.5　对于具有$n(n \geqslant 1)$个结点的完全二叉树,编号为i的结点($1 \leqslant i \leqslant n$)有:

①若$i \leqslant \left\lfloor \frac{n}{2} \right\rfloor$,即$2i \leqslant n$,则编号为$i$的结点为分支结点,否则为叶子结点。

②若n为奇数,则每个分支结点都既有左孩子结点,也有右孩子结点,若为n偶数,则编号最大的分支结点(编号为号$\frac{n}{2}$)只有左孩子结点,没有右孩子结点,其余分支结点都有左、右孩子结点。

③若编号为i的结点有左孩子结点,则左孩子结点的编号为$2i$,若编号为i的结点有右孩子结点,则右孩子结点的编号

为$(2i+1)$。

④除根结点外,若一个结点的编号为i,则它的双亲结点的编号为$\left\lfloor \frac{i}{2} \right\rfloor$,也就是说,当$i$为偶数时,其双亲结点的编号为$\frac{i}{2}$,它是双亲结点的左孩子结点,当$i$为奇数时,其双亲结点编号为$\frac{i-1}{2}$,它是双亲结点的右孩子结点。

证明过程略。

4.二叉树的抽象数据类型

对二叉树的常用运算有求树深度、求结点个数、遍历等,因此,对二叉树的抽象数据类型可描述如下:

```
ADT BinTree{
    数据对象及关系
        元素(结点)集合;每个结点包括根结点、左子树
        和右子树;每棵子树又是一棵树。
    数据的基本运算
    Create(),        创建一棵空二叉树;
    DepthBinTree(),      求二叉树的深度;
    NodeBinTree(),       求二叉树的结点数;
    MakeBinTree(),       创建二叉树;
    PreOrder(),          前序遍历二叉树;
    InOrder(),           中序遍历二叉树;
    PosOrder(),          后序遍历二叉树;
    LevelOrder(),        按层遍历二叉树。
}    //ADT BinTree
```

抽象数据类型的描述应独立于具体的实现形式,它是对二叉树逻辑结构的抽象,与其存储结构没有关系。

5.2.2 二叉树的存储

1. 顺序存储

二叉树的顺序存储一般是按照二叉树结点从上到下、从左到右的顺序存储在一组连续的存储单元中。完全二叉树和满二叉树采用顺序存储比较合适,树中结点的序号可以唯一地反映出结点之间的逻辑关系,这样既节省存储空间,又可以利用存储单元的位序确定结点在二叉树中的位置以及结点之间的关系。如图 5-11 所示,是某完全二叉树的顺序存储示意图。

	A	B	C	D	E	F	G	H	I	J
数组下标	0	1	2	3	4	5	6	7	8	9

图 5-11 完全二叉树的顺序存储示意图

对于一般的二叉树,只有增添一些并不存在的空结点,使之成为一棵完全二叉树的形式,才能采用顺序存储。图 5-12 给出了一棵二叉树改造后的完全二叉树及其顺序存储状态示意图。显然,这种存储对于需增加许多空结点才能将一棵二叉树改造成为完全二叉树时,会造成空间的大量浪费。最坏的情况是单支树,如图 5-13 所示。

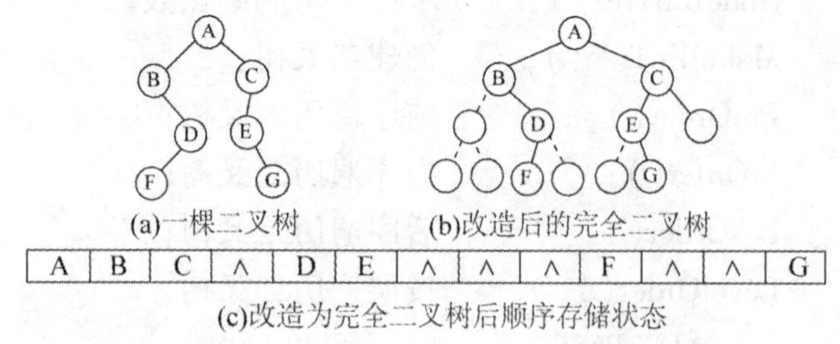

(a)一棵二叉树 (b)改造后的完全二叉树

(c)改造为完全二叉树后顺序存储状态

图 5-12 一般二叉树及其顺序存储示意图

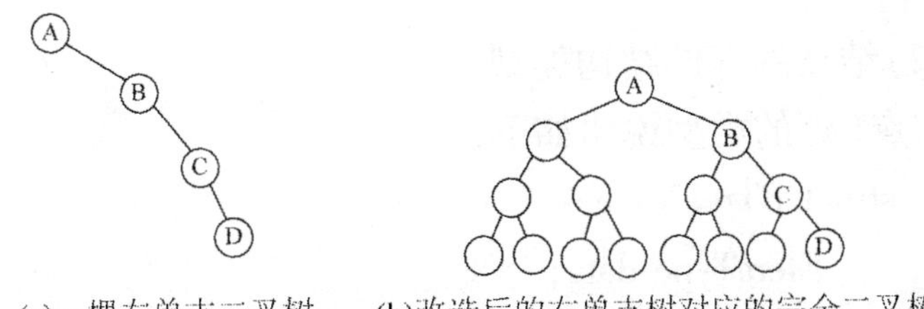

(a)一棵右单支二叉树　　(b)改造后的右单支树对应的完全二叉树

A	∧	B	∧	∧	∧	C	∧	∧	∧	∧	∧	D

(c)单支树改造为完全二叉树后顺序存储状态

图 5-13　单支二叉树及其顺序存储示意图

二叉树的顺序存储表示简单描述如下：

```
#define MAXNODE 100   //二叉树的最大结点数
class BiTree {
prl vate:
     Array < TElemType >  SqBiTree;
                                  //Array < TElemType > 数组模板类
…
};
```

2. 链式存储

(1)结点的结构

二叉树的每个结点最多有两个孩子。用链接方式存储二叉树时，每个结点除了存储结点本身的数据外，还应设置两个指针域 lchild 和 rchild。分别指向该结点的左孩子结点和右孩子结点。结点的结构如图 5-14(a)所示。有时，为了便于找到结点的双亲，则还可以在结点结构中增加二个指向其双亲结点的指针域 parent，如图 5-14(b)所示。

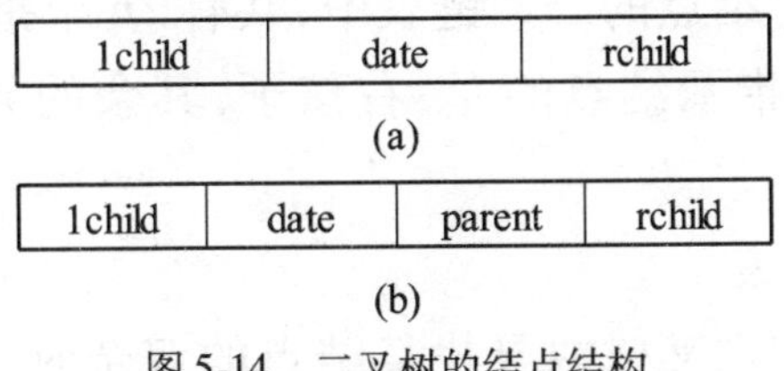

图 5-14　二叉树的结点结构

(2)结点的存储结构类型

结点(a)的类型说明如下:

```
struct BTreeNode {
    ElemType data;
    BTreeNode * lchild;
    BTreeNode * rchild;
};
```

结点(b)的类型说明如下:

```
struct BTreeNode{
        ElemType data;
        BTreeNode * lchild;。
        BTreeNode * parent;
        BTreeNode * rchild;
};
```

(3)二叉链表

在一棵二叉树中,所有类型为 BTreeNode 的结点,再加上一个指阿开始结点(即根结点)的根指针 root,就构成了二叉树的链式存储结构,并将其称为二叉链表。如图 5-15(a)所示的二叉树的二叉链表如图 5-15(b)所示。

在这里,需要说明如下两点:

①一个二叉链表由根指针 root 唯一确定。若二叉树为空,则 root = NULL;若结点的某个孩子不存在,则相应的指针域为空。

②具有 n 个结点的二叉链表中,共有 $2n$ 个指针域。其中只有 $n-1$ 个用来指示结点的左、右孩子,其余的 $n+1$ 个指针域为空。

(4)三叉链表

当经常要在二叉树中寻找某结点的双亲时,可在每个结点

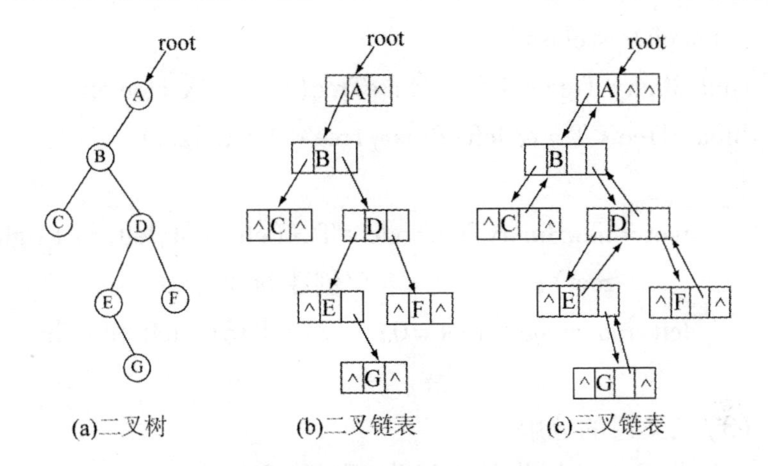

图 5-15　二叉链表表示的示例

上再加一个指向其双亲的指针 parent，形成一个带双亲指针的三叉链表。三叉链表的结点结构如图 5-14(b)所示，图 5-15(c)是图 5-15(a)的三叉链表表示。

5.2.3　二叉树的基本操作及实现

二叉树基本操作的实现依赖于具体的存储结构，采用不同的存储结构时，各种操作的实现是不同的。下面讨论基于二叉链表存储结构的实现算法。

(1)返回二叉树根的值

```
template < class T >
bool BinaryTree < T > : :Root( T& x)  const
{
    if( root) { x = root - > data; returntrue; }
    else return false;        //没有根结点，返回 false
}
```

(2)二叉树的合并

算法很简单，首先创建一个新结点，将待合并子树的根作为新结点的孩子，代码如下：

//将 left，right 和 element 这 3 棵不同的树合并成一棵新树

```
  template < class T >
void Binary Tree < T > : : MakeTree( const T& element,
BinaryTree < T > & left, BinaryTree < T > &right)
{
      root = newBinaryTreeNode < T > ( eIement, left. root right.
            root) ;                //创建新树
      left. root = right. root = 0;    //阻止访问 left 和 right
}
```

(3)二叉树的分解

本操作是上述操作的逆操作,代码如下:

```
//left, right 和 this 必须是不同的树
template < class T >
void BinaryTree < T > : : BreakTree( T& element, BinaryTre <
      T > & left, BinaryTree < T > & right)
{
      if( root) throw BadInput( ) ;   //空树
      //分解树
      element = root - > data;
      left. root = root - > GetLeft( ) ;
      right. root = root - > GetRight( ) ;
      delete root;
      root = 0;
}
```

5.3 遍历二叉树

5.3.1 遍历二叉树的操作定义

二叉树的基本操作包括创建二叉树、查找某结点的孩子或

双亲、遍历二叉树中每个结点、求树的高度、交换左右子树和求某结点的前驱和后继等。其中遍历是最基本的操作,因为实际应用的许多操作都是以遍历为基础的。所谓遍历二叉树,就是遵从某种次序访问二叉树中的所有结点,使得每个结点被访问一次,而且只访问一次。这里“访问”的含义很广,可以是对结点做出各种处理,如输出结点的信息等,但要求这种访问不破坏它原来的数据结构。因为二叉树是一种非线性结构,每个结点可能有不止一个直接后继,这样必须规定遍历的规则,按此规则遍历二叉树,最后会得到二叉树结点的一个线性序列。在遍历一棵一般有序树时,根据访问根结点、遍历子树的先后关系产生两种遍历方法。在二叉树中,左子树和右子树是有严格区别的,因此在遍历一棵非空二叉树时,根据访问根结点、遍历左子树和遍历右子树之间的先后关系可以组合成 6 种遍历方法。若规定先遍历左子树,后遍历右子树,则对于非空二叉树,可得到如下 3 种递归的遍历方法:

(1)先序遍历(VLR)

若二叉树为空,则空操作。否则

①访问根结点。

②先序遍历左子树。

③先序遍历右子树。

(2)中序遍历 (LVR)

若二叉树为空,则空操作。否则

①中序遍历左子树。

②访问根结点。

③中序遍历右子树。

(3)后序遍历(LRV)

若二叉树为空,则空操作。否则

①后序遍历左子树。

②后序遍历右子树。

③访问根结点。

很显然,上述算法是递归的,它把对一棵二叉树的遍历归结为访问根结点和以相同次序遍历根的左、右子树。

5.3.2 遍历二叉树的递归算法实现

在有了上述遍历二叉树的递归定义描述之后,三种遍历的算法就很容易实现。遍历算法中的递归终止条件是二叉树为空。

1. 前序遍历二叉树的递归算法

```
template < class T >
void BinTNode < T > : : PreOrder( BinTree bt)
{
    if( bt) {
        bt - > Visit( ) ;//访问根结点
        bt - > PreOrder( bt - > Ichild) ;
          //前序遍历左子树
        bt - > PreOrder( bt - > rchild) ;
          //前序遍历右子树,假设用 r 标记这个返回地址
    }
}
```

为了便于理解递归算法,现以图 5-16 所示的二叉树以及该二叉树对应的二叉链表为例,说明以上算法前序遍历二叉树的执行过程。

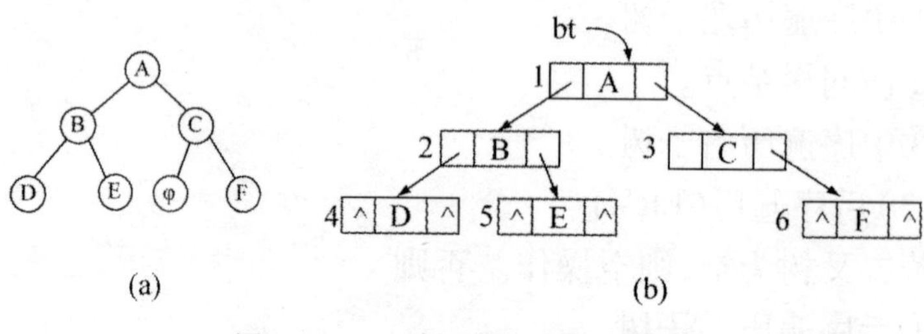

图 5-16　二叉树和二叉链表示意图

为了叙述方便,在二叉链表的每个结点左边标上一个序号,假设为该结点的存储地址。当一个函数调用前序遍历算法时,需要以指向二叉树根结点的指针 1 作为实参,将它传递给算法中的形参 bt,系统工作栈中应包括 bt 和返回地址 r 两个域,假定调用函数的返回地址为 0,那么,此时工作栈中 bt = 1,r = 0,如图 5-17(a)所示。因为 bt 不为 NULL,访问根结点,输出 A。递归调用访问左子树,bt = 2,r = 3(结点 A 的右指针指向 C,r 应为 3),系统工作栈状态如图 5-17(b)所示。因为 bt 不为 NULL,访问 bt 指向的结点,输出 B。再递归调用,bt = 4,r = 5(E 的地址),系统工作栈状态如图 5-17(c)所示。bt 不为 NULL,访问 bt 指向的结点,输出 D。再递归调用,此时左子树为空,右子树也为空,系统退栈,返回遍历 2 的右子树 5,输出 E。因为 5 的左右子树均为空,系统再退栈,遍历 1 的右子树 3,输出 C。左子树空,再遍历其右子树,输出 F。这时左右子树都空,遍历结束,系统返回调用函数地址 0 处。遍历过程中,系统工作栈的变化情况如图 5-17 的(d)、(e)、(f)所示。由上述算法的执行过程可知,前序遍历图 5-17 所示的二叉树,访问结点次序为 ABDECF,通常将这个遍历二叉树结点的序列简称为前序序列。

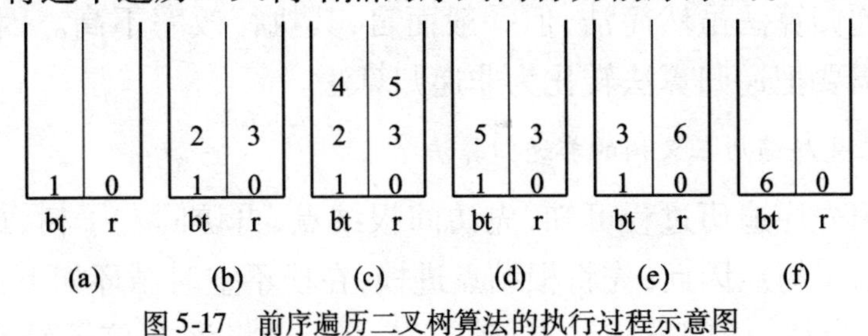

图 5-17　前序遍历二叉树算法的执行过程示意图

2. 中序遍历二叉树的递归算法

```
void Inorder( BTreeNode * bt)
{
    if( bt!  = NULL) {
        Inorder( bt - > 1child) ;
```

```
        cout << bt - > data << " ;
        Inorder( bt - > rchild) ;
        }
}
```

3. 后序遍历二叉树的递归算法

```
void Postorder( BTreeNode * bt)
{
if( bt!  = NULL) {
     Postorder( bt - > lchild) ;
     Postorder ( bt - > rchild) ;
     cout << bt - > data << " ;
     }
}
```

在这三种遍历算法中,访问根结点的操作可视具体应用情况而定,这里以打印根结点的值代之。

5.3.3 二叉树的非递归遍历算法实现

递归算法虽然简洁,但一般而言,其执行效率不高。因此,有时需要把递归算法转化为非递归算法。

1. 先序遍历三叉树的非递归算法

由先序遍历过程可知,先访问根结点,再访问左子树,最后访问右子树。因此,先将根结点进栈,在栈不空时循环如下:

p 出栈,访问 * p 结点,若右孩子不空将该右孩子结点进栈,若左孩子不空再将该左孩子结点进栈。

对应的算法如下:

```
//先序遍历非递归算法
template < typename T >
void BinaryTree < T > : : PreOrder( BTNode < T > * root)
```

```
{
    BTNode < T > * St[ MaxSize], * p;
    int top = -1;
    if( root! =NULL)
    {
        top ++;                    //根结点入栈
        St[ top] = root;
        while( top > -1)           //栈不为空时循环
        {
            p = St[ top];          //退栈并访问该结点
          top - -;
          cout << p - > data << " ";
          if( p - > lchild! =NULL)    //右孩子入栈
            {
              top ++;
              St[ top] = p - > rchild;
              }
            if( p - > lchild! =NULL)  //左孩子入栈
              {
                top ++;
                St[ top] = p - > lchild;
              }
        }
        cout << endl,
    }
}
```

2. 中序遍历三叉的非递归实现

中序遍历的非递归算法的实现只需将先序遍历的非递归算法中的 Visit(pointer - > data) 移到 pointer = astack. top 和 pointer = pointer - > GetRight( )之间即可,具体代码如下:

```
//非递归中序遍历二叉树
template < class T >
void BinaryTree < T > : : InOrderWithout
    Recusion( BinaryTreeNode < T > * root)
{
    usingstd: : stack;
    stack < BinaryTreeNode < T > * > aStack;
    BinaryTreeNode < T > * pointer = root;
                        //保存输入参数
    While (! aStack. empty( ) || pointer) {
        while( pointer) {
            aStack. push( pointer) ;
                        //当前结点地址入栈
            pointer = pointer - > GetLeft( ) ;
        }
        if(! aStack. empty( ) ) {
            pointer = aStack. top( ) ;
            Visit( pointer - > data) ;
                        //访问当前结点
            Pointer = pointer - > GetRight( ) ;
            aStack. pop( ) ;            //栈顶元素退栈
        }
    }
}
```

3. 后序遍历二叉树的非递归实现

利用栈来实现二叉树的后序遍历要比前序和中序遍历复杂得多,在后序遍历中,当搜索指针指向某一个结点时,不能马上进行访问,而先要遍历左子树,所以此结点应先进栈保存,当遍历完它的左子树后,再次回到该结点,还不能访问它,还需先遍历其右子树,所以该结点还必须再次进栈,只有等它的右子树遍历完后,再次退栈时,才能访问该结点。为了区分同一结点的两次进栈,引入一个栈次数的标志,一个元素第一次进栈标志为0,第二次进标志为1,并将标志存入另一个栈中,当从标志栈中退出的元素为1时,访问结点。

后序遍历二叉树的非递归算法如下:

```
void postorder1(bitree * root)
{   bitree * p, * s1[100];            //s1 栈存放树中结点
    int s2[100],top = ,0,b;           //s2 栈存放进栈标志
    p = root;
    do
    { while(p!  = NULL)
        { s1[top] = p;s2[top ++ ] =0;
                          //第一次进栈标志为0
        p = p - > 1child;}
        if(top >0)
            {b = s2[ - - top];
            p = sl[top];
            if(b = =0)
            {sl[top] = p;s2[top ++ ] =1;
            p = p - > rchild;}
            else
            {cout << p - > data << " ";
            p = NULL;
            }
        }
    }while(top >0);
}
```

4. 层序遍历算法

在进行层序遍历时，对某一层的结点访问完后，再按照它们的访问次序对各个结点的左孩子和右孩子顺序访问，这样一层一层进行，先访问的结点其左右孩子也要先访问，这与队列的操作原则比较吻合。因此，在进行层序遍历时，可设置一个队列存放已访问的结点。遍历从二叉树的根结点开始，首先将根指针入队，然后从队头取出一个元素，每取一个元素，执行下面的操作：

①访问该指针所指结点。

②若该指针所指结点的左、右孩子结点非空，则将其左孩子指针和右孩子指针入队。此过程不断进行，当队列为空时，二叉树的层次遍历结束。

```
cpptemplate < typename T >
//层序遍历二叉树
void BinaryTree < T > : : LeverOrder( BTNode < T > * root)
{
    int front =0;
    int rear =0;  //采用顺序队列，并假定不会发生上溢
    BTNode < T > *  Q[ MaxSize ];
    BTNode < T > * q;
    if( root = = NULL) return;
    else{
        Q[ rear ++ ] = root;
        while( front!  = rear)
        {
    q = Q[ front ++ ];
    cout << q - > data << " ";
    if( q - > lchild!  = NULL)
    Q[ rear ++ ] = q - > lchild;
```

```
            if(q->rchild! =NULL)
            Q[rear++]=q->rchild;
    }
        }
    }
```

5.4　线索二叉树

5.4.1　线索二叉树的基本概念

遍历二叉树是按照一定的规则,将二叉树中结点排列成一个线性序列,得到二叉树中结点的前序序列或中序序列,或者后序序列。这实质上是对一个非线性结构的线性化操作,使每个结点(除第一个结点和最后一个结点外)在这个线性序列中有且仅有一个直接前驱和一个直接后继。

但是,当用二叉链表作为二叉树的存储结构时,因为每个结点中只有指向其左、右孩子结点的指针域,所以从任一结点出发只能直接找到该结点的左、右孩子,而一般情况下无法直接找到该结点在某种遍历序列中的前驱和后继结点。若在每个结点中增加两个指针域来存放遍历时得到的前驱和后继信息,这样就可以通过该指针直接或间接访问其前驱和后继结点,当然,这也将大大降低存储空间的利用率。不过,在有 n 个结点的二叉链表中必定存在 $n+1$ 个空指针域,因此可以利用这些空指针域,存放指向结点在某种遍历次序下的前驱和后继结点的指针,这种指向前驱和后继结点的指针称为“线索”,加上线索的二叉链表称为线索二叉链表,相应的二叉树称为线索二叉树。

在线索链表中,对任意结点,若左指针域为空,则用左指针域存放该结点的前驱线索;若右指针域为空,则用右指针域存放该结点的后继线索。为了区分某结点的指针域存放的是指向孩子的指针还是指向前驱或后继的线索，每个结点再增设两个标志域 ltag 和 rtag。如图 5-18 所示，是线索链表的结点结构示意图。

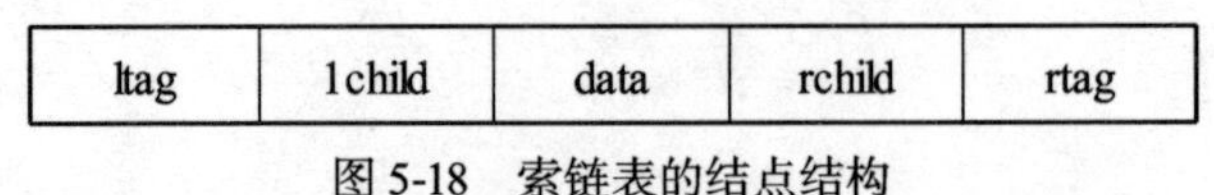

ltag	lchild	data	rchild	rtag

图 5-18　索链表的结点结构

其中，两个标志域的取值和表示的意义为：

$$左标志\ ltag=\begin{cases}0:lchild\ 指向结点的左孩子\\1:lchild\ 指向结点的前驱\end{cases}$$

$$右标志\ rtag=\begin{cases}0:rchild\ 指向结点的右孩子\\1:rchild\ 指向结点的后继\end{cases}$$

可以用 C++ 中的结构类型描述线索链表中的结点：

```
enum flag{Child,Thread};
                    //枚举类型,枚举常量 Child = 0,Thread = 1
template < typename T >
struct TBNode       //二叉线索树的结点结构
{
    T data;
    TBNode < T > * lchild, * rchild;
    flagitag,rtag;
};
```

把对一棵线索二叉链表结构中所有结点的空指针域按照某种遍历次序加线索的过程称为线索化。实现二叉树的线索化比较简单，只要按某种次序遍历二叉树，在遍历过程中用线索取代空指针即可。具体实现思想如下：

①如果根结点的左孩子指针域为空，则将左线索标志域置1，同时把前驱结点的指针赋给根结点的左指针域，即给根结点加左线索。

②如果根结点的右孩子指针域为空，则将右线索标志域置1，同时把前驱结点的指针赋给根结点的右指针域，即给根结点

加右线索。

③将根结点指针赋给存放前驱结点指针的变量,以便当访问下一个结点时,此根结点作为前驱结点。

在不同的遍历次序下,二叉树中的结点的前驱和后继一般也不相同。根据遍历次序的不同,线索二叉树可分为前序线索二叉树、中序线索二叉树和后序线索二叉树。如图 5-19 所示,给出了三种不同的线索二叉树。

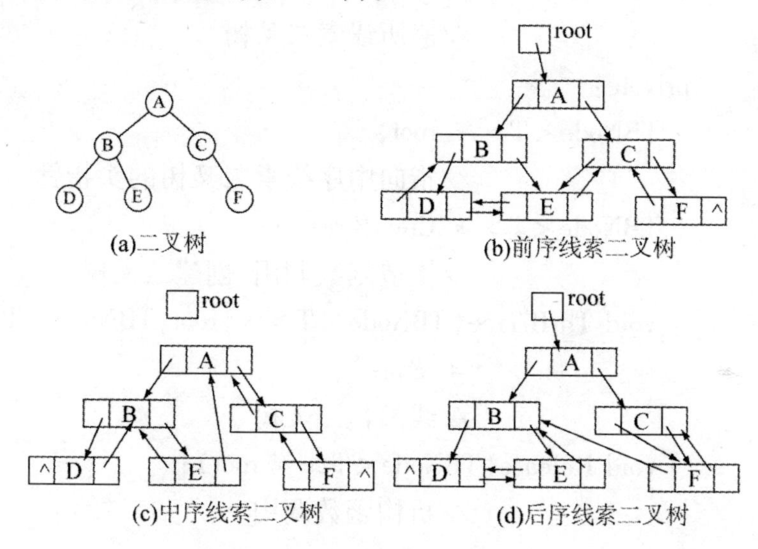

图 5-19　线索二叉树

由于二叉树的遍历次序有 4 种,故有 4 种意义下的前驱和后继。下面的讨论都以中序线索链表为例讨论相关算法,其他线索链表与此类似,请读者自行给出。下面是在中序线索链表上 C++ 中的类模板的定义:

```
template < typename T >
class ThreadBinaryTree
{
    public:
      ThreadBinaryTree( ) ;
                //构造函数,建中序线索二叉树
```

```
    ~ThreadBinaryTree();//析构函数
    TBNode<T> * Getroot();//获取根结点
    TBNode<T> * Prior(TBNode<T> * p);
                          //查找结点p的前驱
    TBNode<T> * Next(TBNode<T> * p);
                          //查找结点p的后继
    void InOrder(TBNode<T> * root);
                 //遍历线索二叉树
  private:
    TBNode<T> * root,
                 //指向中序线索二叉树的头指针
    TBNode<T> * CreatBtree();
                 //构造函数调用,创建二叉树
    void ThrBiTree(TBNode<T> * root,TBNode<T>
                  * &pre);
                 //线索化二叉树
    void Release(TBNode<T> * root);
                 //析构函数调用
};
```

5.4.2 线索二叉树基本操作的实现

1. 建立一棵中序线索二叉树

建立线索二叉树,或者说对二叉树线索化,实质上就是遍历一棵二叉树。在遍历过程中,访问结点的操作是检查当前结点的左、右指针域是否为空,如果为空;将它们改为指向前驱结点或后继结点的线索。为实现这一过程,设指针 pre 始终指向刚刚访问过的结点,即若指针 p 指向当前结点,则 pre 指向它的前驱,以便增设线索。

另外,在对一棵二叉树加线索时,必须首先申请一个头结点，建立头结点与二叉树的根结点的指向关系。对二叉树线索化后，还需建立最后一个结点与头结点之间的线索。

下面是建立中序线索二叉树的递归算法。这个算法与中序遍历算法类似，只需要将中序遍历算法中访问结点的操作具体化为建立正在访问结点与其非空中序前驱结点间的线索。附设指针 pre，并始终保持指针 pre 指向当前访问的、指针 p 所指结点的前驱。

```
//递归主序线索化二叉树
template <class T >
void ThreadBinaryTree < T > :: InThread ( ThreadBinaryTree-
                Node < T > * root, ThreadBinaryTreeNode
                < T > *  &pre)
{
    if( root!  = NULL) {
        InThread( root - > leftchild( ) ,pre) ;
                                        //中序线索化左子树
        if( root - > leftchild( ) = = NuLL) {
                                    //建立前驱线索
            root - > left = pre;
            root - > lTag = Thread;
        }
        if ( ( pre) &&( pre - > rightchild( ) = = NuLL) ) {
                                            //建立后继线索
            pre - > right = root;
            pre - > rTag = Thread;
    }
    pre = root;
    InThread( root - > rightchild( ) ,pre) ;
                                        //中序线索化右子树
```

```
    }
}
```

下面的算法增加了头结点：

```
//中序遍历二叉树 T,并对其进行中序线索化
template < class T >
ThreadBinaryTreeNode < T > * InOrderThreading
        [ThreadBinary TreeNode < T > * T]
{
    ThreadBinaryTreeNode < T > *  Thrt;
                            //Thrt 指向线索化之后的头结点
    Thrt = GetThrNode(",Link,Thread);//建头结点 Thrt -
    > AssignRight(Thrt);       //右指针回指
    if (T = =NuLL) Thrt - > AssignLeft(Thrt);
                            //若二叉树空,则左指针回指
    else{
        Thrt - > AssiqnLeft(T);pre = Thrt;
        InThread(T,pre);//中序遍历进行中序线索化
        pre - > AssiqnRiqht(Thrt);
        pre - > AssiqnRTaq(Thread);
        Thrt - > AssignRight(pre);
                        //最后一个结点线索化
    }
    return Thrt;
}
```

2. 获得指向根结点的指针

```
template < typename T >
TBNode < T > *  ThreadBinaryTree < T > : : Getroot( )
{
    return root ;
```

}

3. 查找结点 p 的后继

设 p 为指向线索二叉链表中结点的指针，则在中序线索二叉树上查找结点 * p 的中序后继结点要分两种情况：

①若结点 * p 的 rtag 域值为 1，则表明 p－>rehild 为右线索，它直接指向结点 * p 的中序后继结点。

②若结点 * p 的 rtag 域值为 0，则表明 p－>rehild 指向右孩子结点，结点 * p 的中序后继结点必是其右子树第一个中序遍历到的结点，因此从结点 * p 的右孩子开始，沿左指针链向下查找，直到找到一个没有左孩子(即 1tag 为 1)的结点为止，该结点是结点 * p 的右子树中"最左下"的结点，它就是结点木 p 的中序后继结点。

根据以上分析，不难给出在中序线索二叉树上求结点 * p 的中序后继结点的算法：

```
template < class T >
BinThrNode < T > * BinThrNode < T > : : InOrderNext
(BinThrTree p)
{   //在中序线索二叉树上求结点 * p 的中序后继结点
    if(p - > rtag = = 1)              //rchild 域为右线索
      returnp - > rchild;  //返回中序后继结点指针
    else{
      p = p - > rchild;        //从 * p 的右孩子开始
      while(p - > itag = = 0)
        p = p - > lchild;  //沿左指针链向下查找
      returnp;
    }
}
```

显然，该算法的时间复杂度不会超过二叉树的高度，即 $O(h)$。

4. 查找结点p的前驱

由于中序的对称性,故查找结点 * p 的中序前驱结点与查找中序后继结点的方法完全对称。因此,在中序线索二叉树中,查找结点 * p 的中序前驱结点也分两种情形:

①若 * p 的左子树为空,则 p - > lchild 为左线索,直接指向 * p 的中序前驱结点。

②若 * p 的左子树非空,则从 * p 的左孩子出发,沿右指针链往下查找,直到找到一个没有右孩子的结点为止。该结点是 * p 的左子树中“最右下”的结点,也是 * p 的左子树中最后一个中序遍历到的结点,即 * p 的中序前驱结点。

```
template < typenameT >
TBNode < T > * ThreadBinaryTree < T > : : Prior( TBNode < T
> *  p)
{
    TBNode < T > *  q;
    if( p - > itag = = Thread)    q = p - > ichild;
                        //左标志为1,可直接得到前驱结点
    else
    {
        q = p - > lchild;                //工作指针初始化
        while( q - > itag = = Child)    //查找最右下结点
        {
            q = q - > rchild;
        }
    }
    return q;
}
```

由上述讨论可知,线索使得查找中序前驱或中序后继的算法变得简单且有效。

5. 线索二叉树的遍历

遍历某种次序的线索二叉树，只要从该次序下的开始结点出发，反复找到结点在该次序下的后继结点，直至终端结点。因此，在有了求中序后继结点的算法之后，就不难写出在中序线索二叉树上进行遍历的算法。其算法基本思想如下：

首先从根结点起沿左指针链向下查找，直到找到一个左线索标志为1的结点止，该结点的左指针域必为空，它就是整个中序序列中的第一个结点，访问该结点，然后就可以依次找结点的后继，直至中序后继为空时为止。

下面是遍历以bt为根结点指针的中序线索二叉树算法：

```
template < classT >
void BinThrNode < T > ::TinOrderThrTree( BinThrTree bt)
{
    if( bt!  = NuLL) {                    //二叉树不空
        BinThrNode < T >  * p = bt;
                                    //使p指向根结点
        while( p - > 1tag = =0)
            p = p - > lchild;
                                    //查找出中序遍历的第一个结点
        do{
        cout << p - > data << " " ;    //输出访问结点值
        p = bt - > InOrderNext( p) ;
                                    //查找结点 * p的中序后继
        } while( p!  = NuLL) ;    //当p为空时算法结束
    }
    cout << end1 ;
}
```

在上述的算法中，while循环是查找遍历的第一个结点，次数是一个很小的常数，而do循环是以右线索为空为终结条件，所以该算法的时间复杂度为 $O(n)$。

上述定义的线索二叉树类及相关的操作等都存储在头文件 BinThr. h 中。可以编写下面的主函数实现对线索二叉链表的操作。由输出结果可以看到,中序遍历线索二叉树与中序遍历二叉树的结果一样。

```
//BinThr. cpp
#include < iostream >
using namespace std;
#include" BinThr. h"
void main( )
{
    BinThrNode < char >  BT;
    intlh = 1;
    BinThrTree bt = &BT;
    bt = bt - > MakeBThrTree( );          //建立二叉链表
    bt - >  InOrder( bt);                 //中序遍历二叉树
    cout << endl;
    bt - > InOrderThread( bt);            //中序线索二叉链表
    bt - > TinOrderThrTree( bt);
                                          //中序遍历线索二叉链表
}
```

类似地,在前序和后序线索二叉树中,找某一点 * p 的后继结点以及遍历这两种线索二叉树也很简单,具体如何实现留给读者自己去分析。

6. 插入与删除结点

中序线索二叉树的插入结点操作,需要修改父母与孩子结点的链接关系,以及中根次序下的前驱与后继的线索关系。以下说明插入左孩子结点,插入根和插入右孩子情况省略。

设 p 指向一棵中序线索二叉树中的某结点,插入值为 x 结点q作为p的左孩子结点，如图5-20所示，不仅要修改p指向孩子结点的链，还要修改p的原后继（或前驱）结点指向p的前驱（或后继）线索。

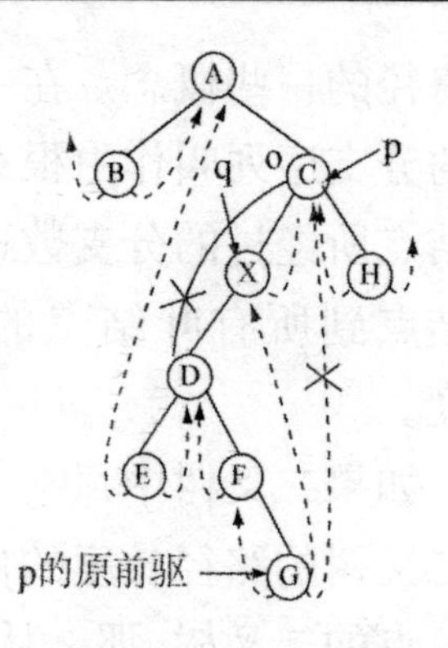

图5-20 插入X作为C的左孩子结点

在中序线索二叉树中删除指定结点的右孩子，也要改变父母与孩子结点的链接关系，涉及前驱后继线索的链接关系。删除右孩子结点算法描述如图5-21所示，其中删除2度结点用左孩子结点顶替，也可用右孩子结点顶替。其他情况省略。

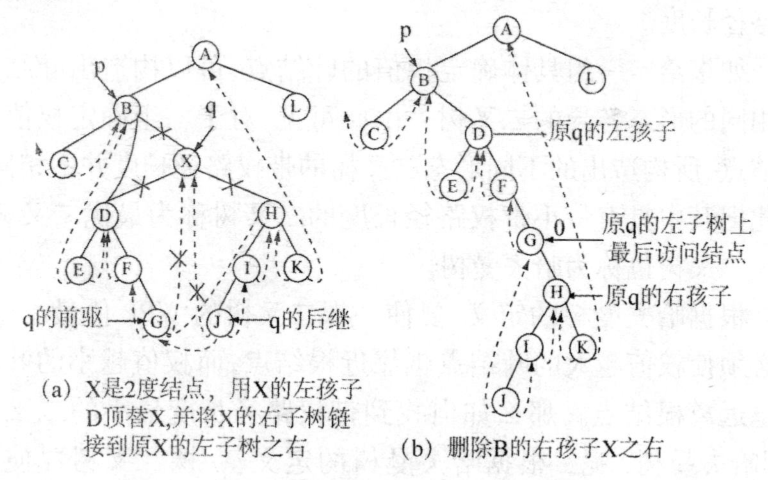

图5-21 删除B的右孩子结点X，用X的左孩子顶替

5.5 最优二叉树——哈夫曼树

5.5.1 哈夫曼树的定义与建立过程

本节我们来讨论最优二叉树，也称哈夫曼树。首先给出关

于路径的一些概念。在一棵二叉树中由根结点到某个结点所经过的分支序列叫作由根结点到这个结点的路径,由根结点到某个结点所经过的分支数称为由根结点到该结点的路径长度。由根结点到所有叶结点的路径长度之和称为该二叉树的路径长度。

如果二叉树中每一个叶结点都带有某一确定权值,就可以将二叉树的路径长度的概念加以推广。设一棵具有 n 个带权值叶结点的二叉树,那么从根结点到各个叶结点的路径长度与对应叶结点权值的乘积之和叫作二叉树的带权路径长度,记作

$$\mathrm{WPL} = \sum_{k=1}^{n} W_k * L_k$$

其中,W_k 为第 k 个叶结点的权值,L_k 为根结点到第 k 个叶结点的路径长度。

如果给定一组具体确定权值的叶结点,可以构造出叶结点数相同的形态各异的二叉树。由此可见,对于一组确定权值的叶结点,所构造出的不同形态二叉树的带权路径长度并不相同。在此把其中具有最小带权路径长度的二叉树称为最优二叉树,最优二叉树也称为哈夫曼树。

根据哈夫曼树的定义,要使一棵二叉树的 WPL 值最小,显然必须使权值越大的叶结点越靠近根结点,而权值越小的叶结点越远离根结点。那么如何找到带权路径长度最小的二叉树(即哈夫曼树)呢?根据哈夫曼树的定义,一棵二叉树要使其 WPL 值最小,必须使权值越大的叶结点越靠近根结点,而权值越小的叶结点越远离根结点。哈夫曼依据这一特点提出了一种方法,这种方法的基本思想具体如下:

①由给定的儿个权值 $W_1, W_2, \cdots, W_n$ 构成的权值集合 W 构造 n 棵只有一个叶结点的二叉树,从而得到一个二叉树的集合 $F = \{T_1, T_2, \cdots, T_n\}$。

②在 F 中选取根结点的权值最小和次小的两棵二叉树作

为左、右子树，构造一棵新二叉树，这棵新二叉树根结点的权值为其左、右子树根结点权值之和。

③在 F 中删除作为左、右子树的两棵二叉树，并将新建立的二叉树加入到集合 F 中。

④重复步骤②和步骤③，当 F 中只剩下一棵二叉树时，这棵二叉树便是所要建立的哈夫曼树。

哈夫曼算法中对相同权值的二叉树的选取以及对左、右子树的设定不影响其最优性质，因此，哈夫曼树是不唯一的。实践中经常将权值较小的设置为左子树，权值较大的设置为右子树。

如图5-22所示，给出了叶结点权值集合为 $W=\{1,3,5,7\}$ 的哈夫曼树的构造过程。可以计算出其带权路径长度为29。由此可见，对于同一组由给定叶结点构造的哈夫曼树，树的形状可能不同，但带权路径长度值是相同的，一定是最小的。

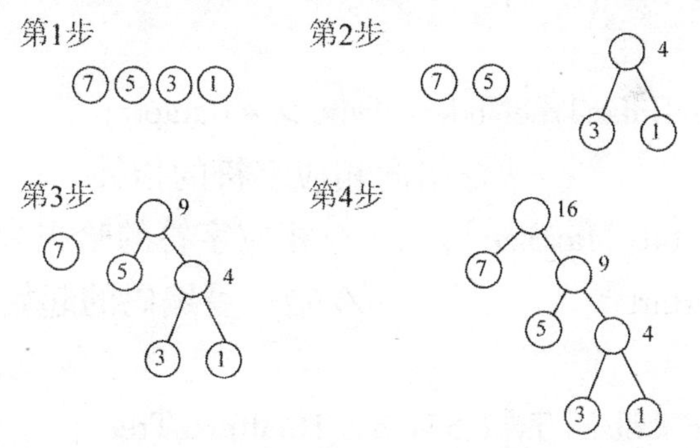

图5-22　哈夫曼树的建立过程

这里需要注意的是，当叶结点上的权值均相同时，完全二叉树一定是最优二叉树，否则完全二叉树不一定是最优二叉树。

5.5.2　哈夫曼树的构造算法

1. 哈夫曼树的类定义

在构造哈夫曼树时需要从双亲能方便地找到其孩子，在由哈夫曼树产生哈夫曼编码时又要能方便地从孩子找到双亲，所

以为了构造哈夫曼树和哈夫曼编码，二叉树需要使用三叉链表表示，下面给出哈夫曼树的类定义：①

```
const int MaxSize = 20
            //设定字符数目的最大值
template <class Type > class HuaffmanTree;
template <class Type > class HuaffmanTreeNode{
public:
    Type data;                          //数据元素
    HuaffmanTreeNode < Type >  * leftChild, * rightChild,
                                   * parent;
                              //指向左右孩子及双亲的指针
};
template <class Type > class HuaffmanCodeNode {
public:
    HuaffmanTreeNode < Type > * dataptr;
                  //指向相应字符的指针
    int bit[MaxSize];       //相应字符的哈夫曼编码数组
    intstart;               //哈夫曼编码的起始位置
};
template <class Type > class HuaffmanTree {
public:
    HuaffmanTree();              //构造函数
    HuaffmanTree(Type weight[],int n);
    //构造函数,以数组 weight[]的值为权建立哈夫曼树
    Huaffmancode();                    //求哈夫曼编码
protected:
    HuaffmanTreeNode < Type >  * hfTree;
```

① 缪淮扣，顾训穰，沈俊. 数据结构：C++实现. 北京：科学出版社，2002

```
                        //哈夫曼树的根
    HuaffmancodeNode < Type >  * hfCode;
                    //哈夫曼编码
    int currentSize;                        //字符数目
    void MetgeTree( HuaffmanTreeNode < Type > &bt1,
    HuaffmanTreeNode  < Type > &bt2, HuaffmanTreeNode <
                        Type > * pt) {
    pt - > leftchild = &bt1;pt - > rightchild = &bt2;
    pt - > data. key = = bt1. data. key + bt2. data. key;
    pt - > parent = NULL;bt1. parent = bt2. parent = pt;
    }
};
```

2. 哈夫曼树的构造算法

下面给出构造哈夫曼树的算法。算法中使用了一个最小堆,利用它组织森林,并从中选择根的权值最小和次小的二叉树。

```
template < class Type >
HuffmanTree < Type > : :HuaffmanTree( Typeweight[ ],int n) {
HuaffmanTreeNode < Type > * firstchild, * secondchild, * parent;
HuaffmanTreeNode < Type >  * TNode;
    //定义最小堆
    hpif( n > MaxSize) {
    cout << "字符数太多" << endl; returnNULL;}
    currentSize = n
    hfCode = new HuaffmanCodeNode < Type > [ n];
    TNode = new HuaffmanTreeNode < Type > [ n];
    for( int i =0;i < n;i ++ ) {
                //传送初始权值,建立哈夫曼树的叶结点
        hfCode[ i]. dataptr = &TNode[ i]
```

```
        TNode[i].data = weight[i];
        TNode[i].parent = TNode[i].1eftChild = TNode
                    [i].rightChiljd = NULL;
    }
    MinHeap < HuffmanTreeNode < Type >> hp(TNode,n);
        //由初始的n棵单结点二叉树构造初始堆
    for(int i—0;1'< n — 1;i ++){
        //通过n-1次合并建立哈夫曼树
    parent = new Huaffman TreeNode < Type > ;
                                    //定义新的根结点
    firstChild = hp.DeleteTop();   //选根权值最小的树
    secondChild = hp.DeleteTop(); //选根权值次小的树
    MergeTree( * firstchild, * secondchild,parent);
                                //合并权值最小的两棵树
    hp.Insert( * parent);          //把新的树插入到堆中}
    hfTree = parent;               //建立哈夫曼树的根结点
    }
```

5.5.3 哈夫曼树的应用

1.哈夫曼树在编码问题中的应用

在数据通信中,经常需要将传送的电文转换成由二进制数字0和1组成的串,一般称之为编码。例如,假设要传送的电文为AADDBC AAABDDCADAAADD,电文中只有A、B、C、D四种字符;若这四种字符的编码分别为:A(00)、B(01)、C(10)、D(11),则电文的代码为00001111011000000011111100011-0000001111,电文代码的长度为40。在这种编码方案中,四种字符的编码长度均为2,这是一种等长编码。

在传送电文时,人们总是希望传送时间尽可能短,这就要求使电文代码长度尽可能短。显然,上述编码方案所产生的电文代码还不够短。如果这四种字符的编码分别为A(0)、B(1)、C(10)、D(01),则用此编码方案对上述电文进行编码得到的电文代码为00010111

00001010110001000010l,此电文代码的长度只有29。但这样的电文代码是无法正确翻译成原来的电文的。显然对"01",你可以认为是"D",也可以认为是"AB"。因为这四个字符的编码不是前缀码(前缀码要求任一字符的编码均非其他字符编码的前缀),因而无法获得唯一的译码。

可以利用哈夫曼树构造出使电文代码总长最短的编码方案。具体做法如下:

设需要编码的字符集合为$\{C_1,C_2,\cdots,C_n\}$,它们在电文中出现的次数或频率集合为$\{W_1,W_2,\cdots,W_n\}$。以$C_1,C_2,\cdots,C_n$作为叶结点,$W_1,W_2,\cdots,W_n$作为它们的权值,构造一棵哈夫曼树,规定哈夫曼树中的左分支代表0,右分支代表1,则从根结点到每个叶结点所经过的路径分支组成的0或1序列作为该叶结点对应字符的编码,我们称之为哈夫曼编码。

例如,对于一段电文AADDBCAAABDDCADAAADDCDD-BAACC A。其字符集合为$\{A,B,C,D\}$,各个字符出现的频率(次数)是$W=\{12,3,5,9\}$。若给每个字符以等长编码:A(00)、B(10)、C(01)、D(11),则电文代码的长度为(12+3+5+9)*2=58。

若按各个字符出现的频率不同而给予不等长编码,可望减少电文代码的长度。因各字符出现的频率为{12/29,3/29,5/29,9/29},化成整数为{12,3,5,9},以它们为各叶结点上的权值,建立哈夫曼树,如图5-23所示,得哈夫曼编码为A(0)、B(100)、C(101)、D(11)。它的总代码长度为12*1+(3+5)*3+9*2=54,正好等于哈夫曼树的带权路径长度*WPL*,显然比等长编码的代码长度要短。哈夫曼编码是一种前缀编码,解码时不会混淆。

哈夫曼编码的计算程序如下：

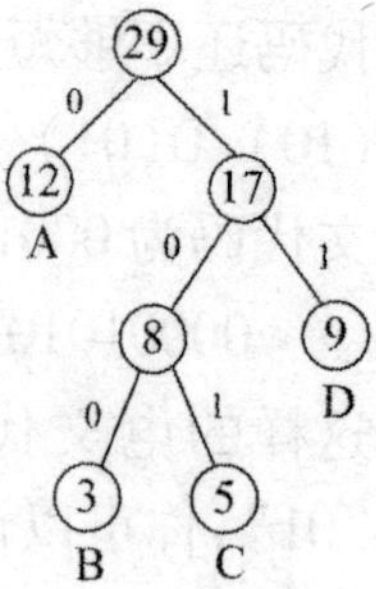

```
template < class Type >
HuffmanTree < Type > : : HuaffmanCode( ) {
HuaffmanCodeNode < Type > * cd =
new HuaffmancodeNode < Type > ; Hua-
ffmanTreeNode < Type > * child , * par-
ent;
for( int i =0;i < currenslze;1 ++ ) {
    //对哈夫曼树中的每一个叶子求其编码
    cd - > start = currenSize - 1;
    child = hfCode[ i ]. dataptr;
                    //取第 i 个叶子结点
    parent = child - > parent;
                    //取第 i 个叶子结点的双亲
    while( parent !  = NULL) {
                    //根据左右分支确定编码
      if( parent - > leftchild = = child)
      cd - > bit[ cd - > start ] =0;
    else
      cd - > bit[ cd - > start ] =1;
    child = parent; parent = parent - > parent;
      cd - > start - - ; }
    for( int k =0;k < currenSize;k ++ ) {
                         //存放第 i 个叶子哈夫曼编码
      hfCode[ i ]. bit[ k ] - cd - > bit[ k ];
    hfCode[ i ]. start = cd - > start;
    }
}
```

图 5-23 哈夫曼编码

2. 哈夫曼树在判定问题中的应用

例如，要编制一个将百分制转换为五级分制的程序。显然，此程序很简单，只要利用条件语句便可完成。例如：

```
if(a<60)b="bad";
  else if(a<70)b="pass"
    else if(a<80)b="general"
      else if(a<90)b="good"
        else b="excellent";
```

这个判定过程可用图 5-24 的(a)所示的判定树来表示。如果上述程序需反复使用，而且每次的输入量很大，则应考虑各操作所需要的时间。因为在实际中，学生的成绩在 5 个等级上的分布是不均匀的，假设其分布规律如表 5-1 所示，则 80% 以上的数据需进行 3 次或 3 次以上的比较才能得出结果。假定以 0.05(差)、0.15(合格)、0.40(中)、0.30(良)和 0.10(优秀)为权构造一棵有 5 个叶结点的哈夫曼树，则可得到如图 5-24 的(b)所示的判定过程，它可使大部分的数据经过较少的比较次数得出结果。但由于每个判定框都有两次比较，将这两次比较分开，得到如图 5-24 的(c)所示的判定树，按此判定树可写出相应的程序。假设有 10000 个输入数据，若按图 5-24 的(a)所示的判定过程进行操作，则总共需进行 31500 次比较；而若按图 5-24 的(c)所示的判定过程进行操作，则总共仅需进行 22000 次比较。

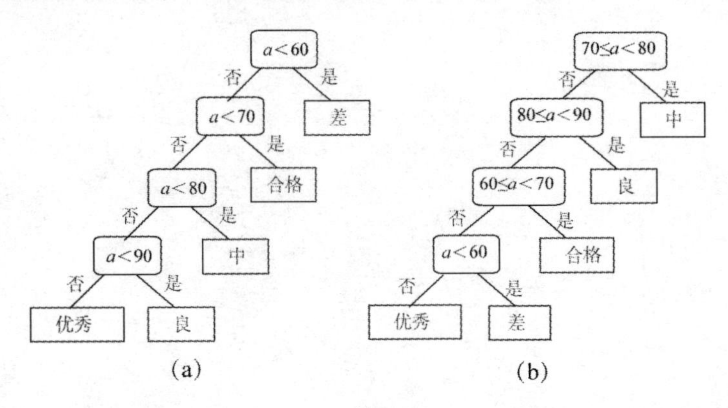

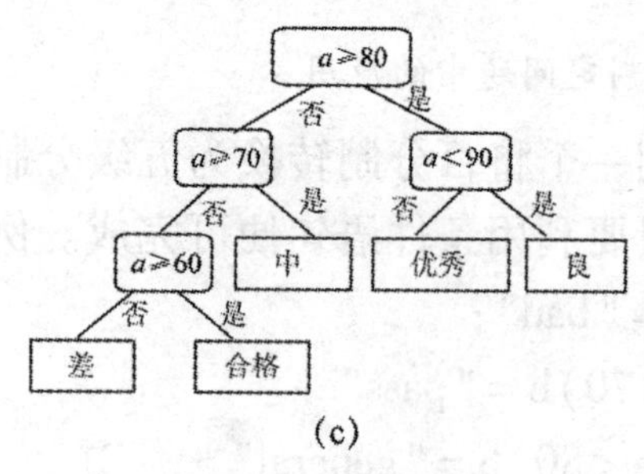

(c)

图 5-24　成绩判定树

表 5-1　成绩分布规律

分数	0 ~ 59	60 ~ 69	70 ~ 79	80 ~ 89	90 ~ 100
比例数	0.05	0.15	0.40	0.30	0.10

第6章　图的结构及算法实现

图形结构简称图,是一种复杂的非线性结构。比起线性表、树等结构,图形结构更一般,当然也更复杂。在图形结构中,元素之间的关系是任意的,每个元素都可以和任意其他元素相关,故而,图形结构更适合于描述复杂的数据对象。在数学、化学、生物学、物理学等基础自然科学领域以及计算机和工程技术领域,图结构都有着重要的应用,同时也具有着广阔的开发前景。本章我们就对图的结构及其算法实现展开讨论。

6.1　图的存储结构

图的存储结构又称图的存储表示。图的存储表示方法很多,这里主要介绍两种最常用的,即邻接矩阵和邻接表表示法。为了适应C++语言的描述。从本节起,假定图的顶点序号从0开始,即图 G 的顶点集 $V(G)=\{v_0,v_1,\cdots,v_{n-1}\}$。

6.1.1　邻接矩阵

1. 邻接矩阵表示法

邻接矩阵是表示图形中顶点之间相邻关系的矩阵。设 $G=(V,E)$ 是具有 n 个顶点的图,则 G 的邻接矩阵是具有如下定义的 n 阶方阵。

$$A[i][j]=\begin{cases}1,\text{若}(v_i,v_j)\text{或}<v_i,v_j>\text{是}E(G)\text{的边}\\0,\text{若}(v_i,v_j)\text{或}<v_i,v_j>\text{不是}E(G)\text{的边}\end{cases}$$

例如,如图6-1所示,其中的无向图 G_6 和有向图 G_7 的邻接矩阵分别如图 6-2 中的 *A*1 和 *A*2 所示。由 *A*1 可以看出,当 $i=j$ 时,$A[i][j]=0$,无向图的邻接矩阵是按主对角线对称的。

若 G 是一个带权图,则用邻接矩阵表示也很方便,只要把 1 换为相应边上的权值即可,0 的位置上可以不动或将其换成无穷大∞ 来表示。

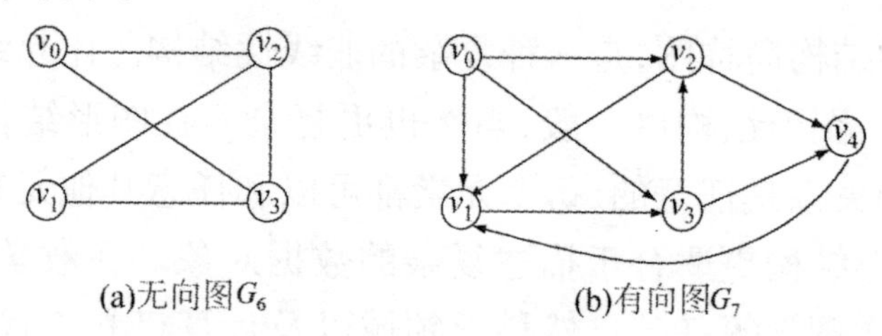

(a)无向图G_6　　(b)有向图G_7

图 6-1　无向图和有向图

$$
A1=\begin{bmatrix}0&0&1&1\\0&0&1&1\\1&1&0&1\\1&1&1&0\end{bmatrix}\qquad
A2=\begin{bmatrix}0&1&1&1&0\\0&0&0&1&0\\0&1&0&0&1\\0&0&1&0&1\\0&1&0&0&0\end{bmatrix}
$$

图 6-2　图的邻接矩阵

对于有向图来说,可以有两个邻接矩阵,一个表示出边,一个表示入边。对于图的邻接矩阵表示,除了需要用一个二维数组存储顶点之间的相邻关系外,通常还需要使用一个具有 n 个元素的一维数组来存储顶点信息,其中下标为 i 的元素存储顶点 v_i 的信息。

在这里,需要注意以下几点:

①前面已经提到,如果图的各边是带权的,也可以用邻接矩阵来表示,只需将矩阵中 1 元素换成相应边的权值。

②邻接矩阵表示法对于以图的顶点为主的运算比较适用。

③除完全图外,其他图的邻接矩阵有许多零元素,特别是当 n 值较大,而边数又少时,此矩阵称为“稀疏矩阵”。

2. 邻接矩阵的实现算法

(1)图的邻接矩阵数据类型描述

```
#include < fstream >
#include < iostream >
#define MAXVALUE 1000;
                    //这里用某个具体值代表∞,创建网时用到
const int maxV =10;              //定义结点最大数
class CGraph {
public:
struct MGraph
{
    int vexs[ maxV +1 ];
        //存放顶点信1,2,3,…,n,不使用 vexs[0]
    int arcs[ maxV +1 ][ maxV +1 ];    //邻接矩阵
    int weight;      //权值,适用于网
};
int vNum,eNum;          //图中当前的顶点数和边数
fstream infil e;         //定义输入/输出文件
fstream outfile;
…                           //其他操作
};
```

(2)建立有向图与无向图的邻接矩阵的算法

```
void CGraph::CreateG( MGraph &g,int key)
{ int i,j,k;
    infiie >> vNum >> eNum;    //读入顶点数、边数
for( k =1;k < =vNum;k ++)
g. vexs[ k ] =k;   //顶点信息、这里为了方便,让顶点自动
                    生成为1,2,…
for( i =1;i < =vNum;i ++)
```

```
        for(j = 1;j < = vNum;j ++)
        g.arcs[i][j] =0;                    //初始化邻接矩阵
    for(k = 1;k < = eNum;k ++)
                                //读入 eNum 条边,建立邻接矩阵
    {
        infile >> i >> j;          //通过文件读入边(i,j)
        if(key!  =0)
            g.arcs[i][j] =1;
        else
        g.arcs[i][j] = g.arcs[j][i] =1;
    }
        }
```

该算法的时间复杂度为 $O(n^2)$。

(3)输出邻接矩阵

```
void CGraph::DisplayAdj(MGraph&g)
{
outfile << "邻接矩阵:" << endl;
for(int i =1;i < = vNum;i ++)
{
    for(int j =1;j < = vNum;j ++)
        outfile << g.arcs[i][j] << " ";
    outfiie << endl;
    }
}
```

6.1.2 邻接表

1. 邻接表表示法

邻接表是顺序存储与链式存储相结合的存储方法。它类似于树的孩子链表表示法。设图 G 中的顶点 v_i，将所有邻接于 v_i 的顶点 v_j(即由同一个顶点发出的边)链成一个单向链表，链表的每一个结点代表一条边，叫边结点。这个单向链表就称为顶点 v_i 的邻接表，再将所有点的邻接表表头放到数组中，就构成了图的邻接表。在邻接表表示中有两种结点结构，一种是顶点表的结点结构，它由顶点域和指向第一条邻接边的指针域构成；另一种是边表(即邻接表)结点，它由邻接点域和指向下一条邻接边的指针域构成。邻接矩阵表示的结点结构如图6-3所示。

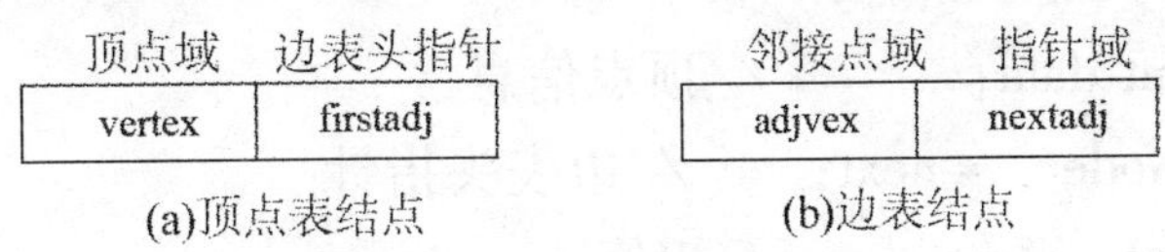

图6-3　邻接矩阵表示的结点结构

对于网图的边表，需再增设一个存储边上信息(如权值等)的域，网图的边表结构如图6-4所示。

邻接点域	边上信息	指针域
adjvex	cost	nextadj

图6-4　网图的边表结构

在这里，需要注意如下几点：

①在邻接表中的每个线性链接表中各结点的顺序是任意的。各边表结点的链接次序取决于建立邻接表的算法和边的输入次序。因此，邻接表表示不唯一。

②邻接表中的各个线性链接表不说明它们顶点之间的邻接关系。

③对于无向图，某顶点的度数 = 该顶点对应的线性链表的结点数。

④对于有向图，某顶点的“出度”数 = 该顶点对应的线性链表的结点数；而求某顶点的“入度”是需借助逆邻接表才可看出。而某顶点的出度与入度之和即为该顶点的“度”值。

2. 邻接表的实现算法

(1)图的邻接表数据类型描述

```
const int maxV = 10;  //定义最大顶点数
class CGraphLink
{
public:
struct Node             //定义顶点表中的结点
{
    int data;          //顶点信息
    Node   * next;      //边表头指针
    int weight;        //权值
};
Node vnode[ maxV + 1 ];
int vNum,eNum;          //图中当前的顶点数和边数
int indeg[ maxV + 1 ];int outdeg[ maxV + 1 ];
...
};
```

(2)无向图的邻接表的建立

```
void CGraphLink::CreateGraph( Node &g,int v[ maxV + 1 ])
{
    int i,j,k;Node  * s;
    for( k = 1;k < = vNum;k ++ )          //建立表头结点
    {
        vnode[ k ]. data = v[ k ];
        vnode[ k ]. next = NULL;
        }
          for( k = 1;k < = vNum;k ++ )
             vnode[ k ]. data = v[ k ];   //顶点信息
          for( k = 1;k < = eNum;k ++ )
```

```
    {
    infile >> i >> = =j;      //通过文件读入边(i,j)
    s = new Node;
    s - > data = j;
    s - > next = vnode[i]. next;
    vnode[i = ]. next = s;      //采用头插法建立链表
    s = new Node;
    s - > data = i;
    s - > next = vnode[j]. next;
        vnode[j]. next = s;
          }
}
```

(3)有向图的邻接表建立

```
void CGraphLink::createList(Node &g,int v[maxV +1])
{
int i,j,k;   Node  * s;
infile >> vNum >> eNUm;
for(i =1;i < =vNum;i ++)          //建立表头结点
{
    indeg[i] =0;outdeg[i] =0;       //初始化
    vnode[i]. data = i;
    vnode[i]. next = NULL;
}
    for (k =1;k < =vNum;k ++)
    vnode[k]. data = v[k];        //顶点信息
    for(k =1;k < =eNum;k ++)
{
    infil e >> i >> j;
    s = new Node;
```

```
        s - > data = j;
        s - > next = vnode[i]. next;
        vnode[i]. next = s;
        indeg[j] ++;            //入度加1
        outdeg[i] ++;
        }
    }
```

(4)无向图的邻接表的输出

```
void CGraphLink::DisplayList(Node &g)
{
outfile <<"无向图的邻接表:" << end1;
for(int i =1;i < = VNum;i ++)
{
        Node  * p = Vnode[i]. next;
        outfi1e << i << " - > ";
        whi1e(p - >next !  = NULL)
        {
            outfile << p - > data << " - > ";
            p = p - > next;
        }
        outfile << p - > data << endl;
    }
}
```

有向图的邻接表的输出请读书自行写出。

6.1.3 索引表与十字链表

1. 索引表

索引表也是一种存储图的数据结构,它采用一维数组存储顶点,建立一个索引表格并且对应到相当的位置。操作方式如下。

①以一个一维数组来顺序存储相邻顶点，即任意两相邻顶点形成图中一条边。

②建立一个索引表格，在索引表格中 n 个顶点需建立 n 个位置，分别对应于数组中第一个与该顶点相邻的位置。

如图6-5所示，(a)中无向图 G_{14} 索引表的表示方式如图(b)所示。

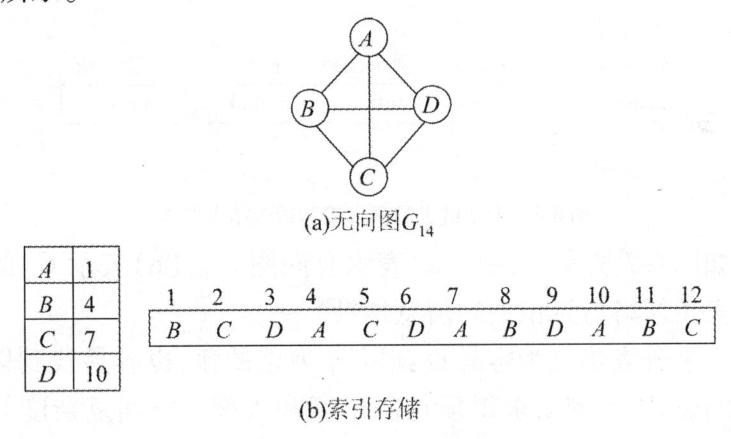

图6-5　无向图 G_{14} 及索引存储

2. 十字链表

十字链表是有向图的另一种存储结构，实际上是邻接表与逆邻接表的结合，即把每一条边的边结点分别组织到以弧尾顶点为头结点的链表和以弧头顶点为头顶点的链表中。

在十字链表表示中，顶点表和边表的结点结构分别如图6-6中的(a)、(b)所示。由于在邻接表和逆邻接表中的顶点数据是相同的，则在十字链表中只需要出现一次，但需保留分别指向第一条“出弧”和第一条“入弧”的指针。

在边表结点中(图6-6(b))有5个域：其中，尾域和头域分别指示弧尾和弧头这两个顶点在图中的位置，链域 hlink 指向弧头相同的下一条弧，链域 tlink 指向弧尾相同的下一条弧，info 域指向该弧的相关信息(带权图中使用)。弧头相同的弧在同一链表上,弧尾相同的弧也在同一链表上。它们的头结点即为顶点结点(图 6-6(a)),它由三个域组成,其中,vertex 域存储和顶点相关的信息,如顶点的名称等;firstin 和 firstout 为两个链域,分别指向以该顶点为弧头或弧尾的第一个弧结点。

顶点值域	指针域	指针域
vertex	firstin	firstout

(a)

弧尾结点	弧头结点	弧上信息	指针域	指针域
tailvex	headvex	info	hlink	tlink

(b)

图 6-6 十字链表的顶点表和边表结点结构

如图 6-7 所示,其中,(a)表示有向图 G_{11},(b)表示 G_{11} 的十字链表(忽略与弧相关的信息指针)。

十字链表优点为容易找到以 v_j 为尾的弧,也容易找到以 v_i 为头的弧,因而容易求得顶点的出度和入度。空间复杂度与邻接表相同夕建立的时间复杂度与邻接表相同。

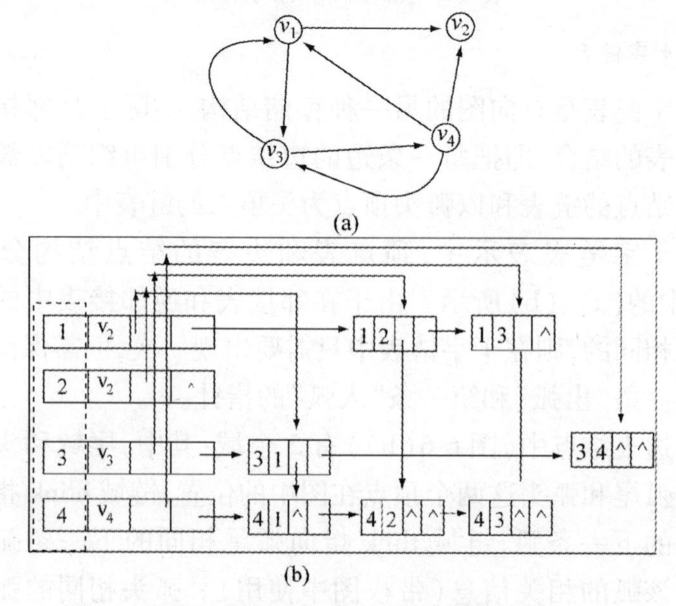

图 6-7 有向图 G_{11} 的十字链表表示示意

6.2 图的遍历

同树的遍历类似,对于给定的。图,沿着一些边(或弧)访问图中所有的顶点,且使每个顶点仅被访问一次,这个过程叫作图的遍历。图的遍历通常有两种方法,即深度优先遍历和广度优先遍历。这两种方法对无向图和有向图都是适用的。

6.2.1 深度优先遍历

图的深度优先遍历基于深度优先搜索(DFS),深度优先搜索是从图中某一顶点 v 出发,在访问顶点 v 后,再依次从 v 的任一还没有被访问的邻接顶点 w 出发进行深度优先搜索,直到图中所有与顶点 v 有路径相通的顶点都被访问过为止。这是一个递归定义,所以图的深度优先搜索可以用递归算法来实现。[①]

如图 6-8 所示,其中,(a)给出了深度优先搜索的示例。由于该图是连通的,所以从顶点 A 出发,通过一次深度优先搜索,就可以访问图中的所有顶点。图的深度优先搜索的访问顺序与树的先根遍历顺序类似。(b)给出了在深度优先搜索的过程中,访问的所有顶点和经过的边,图中各顶点旁附加的数字表示各顶点被访问的次序。在图 (b)中,共有 $n-1$ 条边连接了所有 n 个顶点,在此把它称为图 (a)的深度优先搜索生成树。

从指定的顶点 v 开始进行深度优先搜索的算法的步骤是:

①访问顶点 v,并标记 v 已被访问。

②取顶点 v 的第一个邻接顶点 w。

③若顶点 w 不存在,返回;否则继续步骤④。

④若顶点 w 未被访问,则从顶点 w 开始递归的进行深度优先搜索;否则转步骤⑤。

① 缪淮扣,顾训穰,沈俊. 数据结构:C++实现. 北京:科学出版社,2002

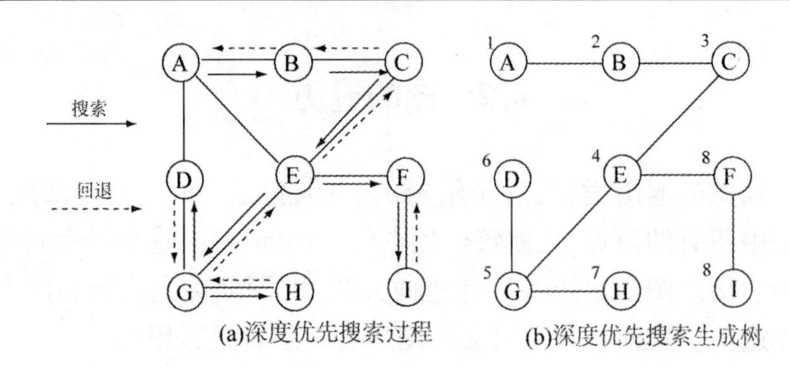

图 6-8　图的深度优先搜索示例

⑤使 w 为顶点 v 的在原来 w 之后的下一个邻接顶点，转到步骤③。

从图的某一顶点 v 出发，递归地进行深度优先搜索遍历的过程如下（算法中用 L 保存 DFS 序列）：

```
template < class T >
SeqList < T > & Graph < T > : : DFSSearch( )
{
    int  * visited = new int[ numofVertice ], count = 0;
    for( int i = 0;i < numofVertice;i ++ ) Visited[ i ] = 0;
    SeqList < T >  * L;
    for( int i = 0;i < numofVertice;i ++ )
        if( !  visited[ i ] ) L[ ++ count ] = DFS( i, visited);
        delete[ ] visited;
        L. Length = count; //count 为连通分量的个数
        return L;
}
template < class T >
SeqList < T > &Graph < T > : : DFS( const int v, int  * visited)
{
    SeqList < T >  * L;
    T vertex = vertexList. GetVertex( v);
```

```
    L = new SeqList < T > ;
    visited[ . v] =1;
    ( * L). Insert( vertex);
                    //记录连通分量中的顶点访问序列
    int w = GetFirstNeihbor( v)
    while( w!  = -1) {
        if( ! visited[ w]) DFS( w,visited);
        w = GetNextNeihbor( v,w);
    }
    return * L;
}
```

对图进行深度优先搜索遍历时，按访问顶点的先后次序得到的顶点序列称为该图的深度优先搜索遍历序列，简称为DFS序列。分析上述算法，在遍历时，对图中每个顶点至多调用一次DFS函数，因为一旦某个顶点被标志成已被访问，就不再从它出发进行搜索。因此，遍历图过程的实质是查找每个顶点的邻接点的过程，其耗费的时间则取决于所采用的存储结构。当用二维数组表示邻接矩阵图的存储结构时，查找每个顶点的邻接点所需时间为$O(n^2)$，其中，n为图中顶点数。而当以邻接表作图的存储结构时，查找邻接点所需时间为$O(e)$，其中e为无向图中边的数目或有向图中弧的数目。由此可知，当以邻接表作存储结构时，深度优先搜索遍历图的时间复杂度为$O(n+e)$。

6.2.2　广度优先遍历

图的广度优先遍历基于广度优先搜索（BFS），广度优先搜索是从图中某一顶点v出发，在访问顶点v后再访问v的各个未曾被访问过的邻接顶点$w_1,w_2,\cdots,w_k$，然后再依次访问$w_1,w_2,\cdots,w_k$的所有还未被访问过的邻接顶点。再从这些访问过的顶点出发，访问它们的所有还未被访问过的邻接顶点，……，如此下去，直到图中所有和顶点 v 有路径连通的顶点都被访问到为止。

如图 6-9 所示,其中,(a)给出了一个从顶点 A 出发进行广度优先搜索的示例。(b)给出了由广度优先搜索得到的广度优先生成树,它由搜索时访问过的 n 个顶点和搜索时经历的 $n-1$ 条边组成,各顶点旁边附的数字标明了顶点被访问的顺序。

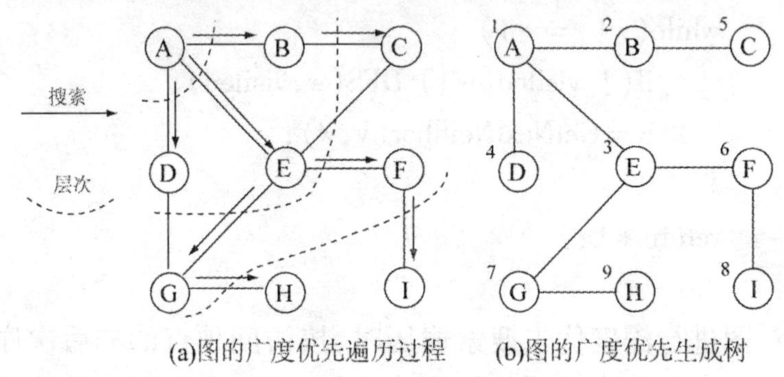

(a)图的广度优先遍历过程　(b)图的广度优先生成树

图 6-9　图的广度优先搜索示例

广度优先搜索是一种分层的搜索过程,它类似于树的层次遍历。从图 6-9 中的(a)中可以看出,搜索每向前走一步可能访问一批顶点,不像深度优先搜索那样有往回退的情况,因此,广度优先搜索不是一个递归的过程,其算法也不是递归的。为了实现逐层访问,算法中使用了一个队列,以记录刚才访问过的上一层和本层顶点,以便于向下一层访问。从指定的顶点 v 开始进行广度优先搜索的算法步骤是:

①访问顶点 v,并标记 v 已被访问,同时顶点 v 入队列。

②当队列空时算法结束,否则继续步骤③。

③队头顶点出队列为 v。

④取顶点 v 的第一个邻接顶点 w。

⑤若顶点 w 不存在,转步骤②;否则继续步骤⑥。

⑥若顶点 w 未被访问,则访问顶点 w,并标记 w 已被访问,同时顶点 w 入队列;否则继续步骤⑦。

⑦使 w 为顶点 v 的在原来 w 之后的下一个邻接顶点,转到

步骤⑤。

从图的某一顶点出发，进行广度优先搜索遍历的过程如下（算法中用L保存BFS序列）：

```
template < class T >
SeqList < T > & Graph < T > : : BreadthFirstSearch ( const
                    T&beginVertex)
{
    int start, nextadj;          //顶点在顶点表中位置
    Queue < T > Q;
    SeqList < T > * L;
    TvertexInextvertex;
    start = GetVertexPos( beginVertex);
    L = newSeqList < T > ;
    Q. QInsert( beginvertex);  //初始化队列
    ( * L). Insert( beginvertex);  //访问顶点
    whilc( ! Q. QEmpty( ) ) {
        //出队
        vertex = Q. QDelete( );
        //取邻接点
        nextadj = GetFirstNeighbor( vertex);
        nextvertex = vertexList · GetVertex( nextad = =j);
        //若顶点未被访问,则入队
        while( nextvertex) {
            if( ! FindVertex( * L, nextvertex) ) {
                    //没被访问
                    ( * L). Insert( nextvertex);
                    Q. QInsert( nextvertx);
            }
        nextadj = GetNextNeighbor( start, nextadj + 1);
```

```
            nextvertex = vertexList. GetVertex(nextadj);
        }
    }
    return *L;
}
```

对于具有 n 个顶点和 e 条边的无向图或有向图，每个顶点均入队一次。广度优先搜索遍历图的时间复杂度和深度优先搜索遍历算法相同。

6.3 最小生成树

6.3.1 图的生成树和最小生成树

1. 图的生成树

在图论中，常常将树定义为一个无回路的连通图。一个连通图 G 的一个子图如果是一棵包含 G 的所有顶点的树，则该子图称为 G 的生成树，生成树是连通图的包含图中所有顶点的一个极小连通子图（边最少）。一个图的极小连通子图恰为一个无回路的连通图，也就是说，如若在图中任意添加一条边，就会出现回路，若在图中去掉任何一条边，都会使之成为非连通图。因此，一棵具有 n 个顶点的生成树有且仅有 $n-1$ 条边，但有 $n-1$ 条边的图不一定是生成树。同一个图可以有不同的生成树。

如图 6-10 所示，是生成树的示例，对于图 6-10 中的(a)，图 6-10 中的(b)和(c)都是它的生成树。

如何求得对于给定的连通图的生成树呢？设图 $G=(V,E)$ 是一个具有 n 个顶点的连通图，从 G 的任一顶点（源点）出发，做一次深度优先搜索或广度优先搜索，就可以将 G 中的所有 n 个顶点都访问到。显然，在这两种遍历搜索方法中，从一

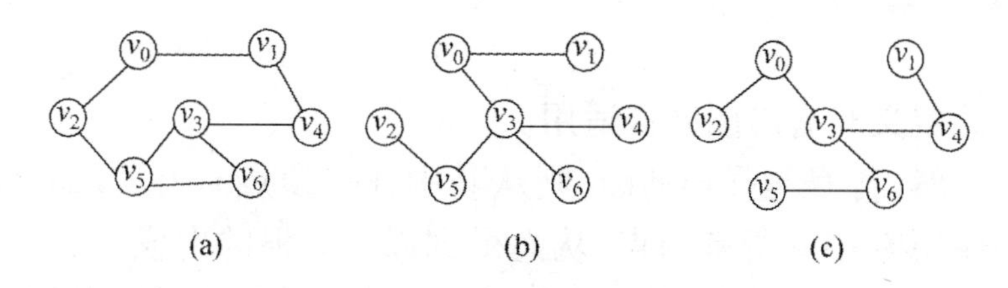

图 6-10　生成树示例

个已访问过的顶点 v_i 搜索到一个未曾访问过的邻接点 v_j，必定要经过 G 中的一条边 (v_i,v_j)，而这两种搜索方法对图中的 n 个顶点都仅访问一次，因此，除初始出发点外，对其余 $n-1$ 个顶点的访问一共要经过 G 中的 $n-1$ 条边，这 $n-1$ 条边将 G 中 n 个顶点连接成包含 G 中所有顶点的极小连通子图，所以它是 G 的一棵生成树，其源点就是生成树的根。

通常把由深度优先搜索所得的生成树称之为深度优先生成树，简称为 DFS 生成树；而由广度优先搜索所得的生成树称之为广度优先生成树，简称为 BFS 生成树。如图 6-11 所示，从无向图 G_8 的顶点 v_0 出发，所得的 DFS 生成树和 BFS 生成树如图 6-11 中的(b)和(c)所示。

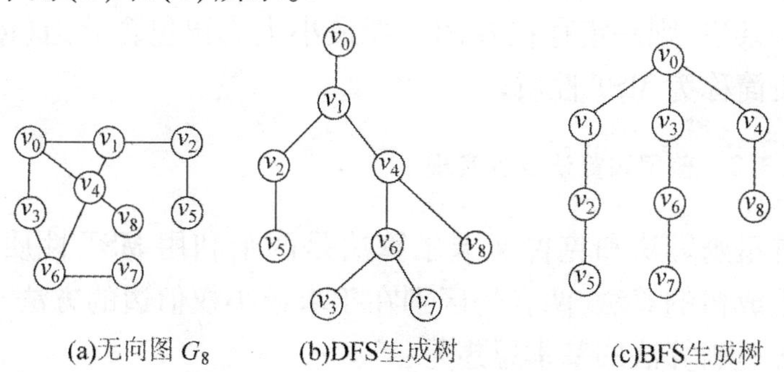

图 6-11　图 G_8 的 DFS 和 BFS 生成树

从连通图的观点出发，对无向图而言，生成树又可以有如下定义：

若从图的某顶点出发，可以系统地访问到图的所有顶点，则遍历时经过的边和图的所有顶点所构成的子图，称为该图的生成树。

此定义对有向图同样适用。

显然,若 G 是强连通图,则从其中任一顶点 v 出发,都可以访问遍历 G 中的所有顶点,从而得到以 v 为根的生成树。若图 G 是有根的有向图,设根为 v,则从根 v 出发也可以完成对 G 的遍历,因而也能得到以 v 为根的生成树。

2. 最小生成树

带权的连通图也称连通网,其生成树也是带权的,把生成树各边的权值总和称为该生成树的权。因为图的生成树不唯一,从不同的顶点出发遍历带权的连通图,可以得到不同的带权生成树,其中权值最小的生成树称为最小生成树(MST)。

构造最小生成树可以有多种算法,其中大多数算法都是利用了最小生成树的下述性质:

设 $G=(V,E)$ 是一个连通网络,U 是顶点集 V 的一个非空子集,若边 (u,v) 是 G 中所有的一个端点在 U 里(即 $u \in U$),另一个端点不在 U 里(在 $V-U$ 里,即 $v \in V-U$)的边中,具有最小权值的一条边,则一定存在 G 的一棵最小生成树包含此边 (u,v)。该性质简称为 MST 性质。

6.3.2 普里姆算法及其实现

普里姆算法和克鲁斯卡尔算法是两个利用 MST 性质构造最小生成树的算法,两者的区别在于求最小权值边的方法不同。

普里姆算法的基本思想是:

假设连通网络为 $N=(V,E)$,TE 为 N 的最小生成树上边的集合,开始时 $TE=\emptyset$;U 为算法在构造最小生成树过程中已得到的顶点集,开始时 $U=\{u_0\}(u_0 \in V)$。算法从 N 中的某一顶点 u_0 出发,选择与 u_0 关联的具有最小权值的边 (u_0,v_i),将顶点 v_i 加入到生成树的顶点集合 U 中,(u_0,v_i) 加入到集合 TE 中,以后每一步从一个顶点在 U 中,而另一个顶点在 $V-U$ 中的各条边当中选择权值最小的边$(u,v)(u\in U,v\in V-U)$，把顶点 v 加入到集合 U 中，边(u,v)加入到集合 TE 中。如此重复，直到网络中的所有顶点都加入到生成树顶点集合 $U(V=U)$ 中为止。此时，TE 中刚好有 $n-1$ 条边，则 $T=(V,TE)$ 为 N 的最小生成树。

在利用普里姆算法构造最小生成树过程中，需要设置一个辅助数组 closearc[ ]，以记录从 $V-U$ 中顶点到 U 中顶点具有最小权值的边。对每一个顶点 $v\in V-U$，在辅助数组中有一个分量 clos earc[v]，它包括两个域，分别是 lowweight 和 nearvertex。其中，lowweight 中存放顶点 v 到 U 中的各顶点的边上的当前最小权值（1owweight = 0 表示 $v\in U$）；nearvertex 记录顶点 v 到 U 中具有最小权值的那条边的另一个邻接顶点 u（nearvertex = -1 表示该顶点 v 为开始顶点）。普里姆算法步骤如下：

①初始化辅助数组 closearc[ ]。

②重复下列步骤③和④$n-1$ 次。

③在 closearc[ ]中选择 lowweight≠0&&1owweight 最小的顶点 v，即选中的权值最小的边为(closearc[v].nearvertex,v)。

④将 closearc[v].lowweight 改为 0，表示顶点 v 已加入顶点集 U 中，并将边(closearc[v].nearvertex,v)加入生成树 T 的边集合。

⑤对 $V-U$ 中的每一个顶点 j，如果依附于顶点 j 和刚加入 U 集合的新顶点 v 的边的权值 Arcs[v][j]小于原来依附于 j 和生成树顶点集合中顶点的边的最短距离 closearc[j].1owweight，则修改 closearc[j]，使其 lowweight = Arcs[v][j]，nearvertex = v。

下面是采用邻接矩阵存储的 Prim 算法：

```
//用普里姆算法从顶点 V 开始构造网的最小生成树，并输出各条边
template < typename T >
void MGraph < T > :: MiniSpanTree_PRIM(T v)
{
```

```
    int i,j,k,min,lowcost[ MaxVertexNum];
    T adjvex[ MaxVertexNum];
    k = LocateVex( V);
    for( j =0;j < vexnum;j ++ )
        //初始化辅助数组 lowcost[ ]和 adjvex[ ]
    {
        if( j!  =k)
        {
            adjvex[ j] = v;
            lowcost[ j] = arcs[ k][ j];
        }
    }
    lowcost[ k] =0; //初始化顶点集 = { v}
    cout << "最小生成树的各条边依次为:" << endl;
    for( i =1;i < vexnum;i ++ )
    {
        j =0;
        while( ! lowcost[ j])
            j ++;
        min = lowcost[ j];    //找到第 1 个非 0 值
        k = j;          //k 先存放第 1 个非 0 值的位置
        //在第 1 个非 0 值之后开始依次寻找较小值,并且记
          录位置
    for( j = k +1;j < vexnum,j ++ )
    {
        if( 1owcost[ j] >0)
        {
            if( min > lowcost[ j])      //找到较小值
            {
```

```
                min = lowcost[1][j];
                k = j;       //记录较小值的位置
                }
            }
        }
        cout << adjvex[k] << " - " << vexs[k] << "权值:" <<
                                    lowcost[k] << endl;
lowcost[k] = 0;        //将位置为 k 的顶点并人 u 集合 for
(i = 0;j < vexnum,j ++ )  //调整数组 adjvex 和 lowcost
{
        if(arcs[k][j] < lowcost[j])
        {
            adjvex[j] = vexs[k];
            lowcost[j]:arcs[k][j];
            }
        }
    }
}
```

分析 Prim 算法,设连通网中有 n 个顶点,则第 1 个进行初始化的循环语句需要执行 $n-1$ 次,第 2 个循环共执行 $n-1$ 次,内嵌两个循环,其一是在长度为 n 的数组中求最小值,需要执行 $n-1$ 次;其二是调整辅助数组,需要执行 $n-1$ 次,所以,Prim 算法的时间复杂度为 $O(n^2)$,与网中的边数无关,因此适用于求稠密网的最小生成树。

6.3.3　克鲁斯卡尔算法及其实现

克鲁斯卡尔(Kruskal)算法是一种按照网中边的权值递增的顺序构造最小生成树的方法。其基本思想是设无向连通网 $G=(V,E)$。令 G 的最小生成树为 T,其初态为 $T=(V,\{\})$,即开始时,最小生成树 T 由图 G 中的 n 个顶点构成,顶点之间没有一条边,这样,T 中各顶点各自构成一个连通分量。然后,按照边的权值由小到大的顺序,考察 G 的边集 E 中的各条边。若被考察的边的两个顶点属于 T 的两个不同的连通分量,则将此边作为最小生成树的边加入到 T 中,同时把两个连通分量连接为一个连通分量;若被考察边的两个顶点属于同一个连通分量,则舍去此边,以免造成回路,如此下去,当 T 中的连通分量个数为1时,此连通分量便为 G 的一棵最小生成树。①

如图6-12所示,是一个无向连通图 G_{13},也可称网 G_{13},按照Kruskal方法构造最小生成树的过程,如图6-13所示。在构造过程中,按照网中边的权值由小到大的顺序,不断选取当前未被选取的边集中权值最小的边。依据生成树的概念,n 个结点的生成树有 $n-1$ 条边,故反复上述过程,直到选取了 $n-1$ 条边为止,就构成了一棵最小生成树。

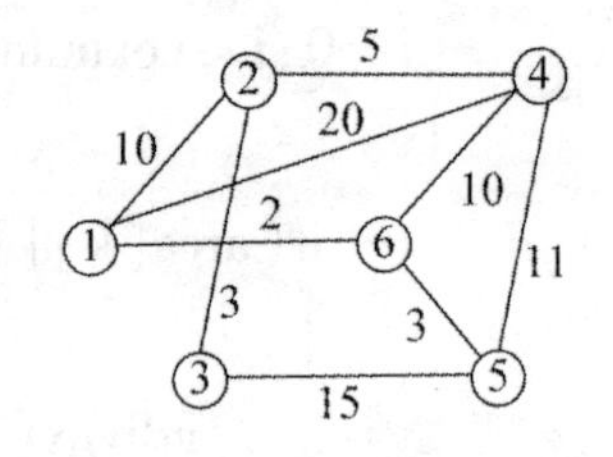

图6-12　无向连通图 G_{13}

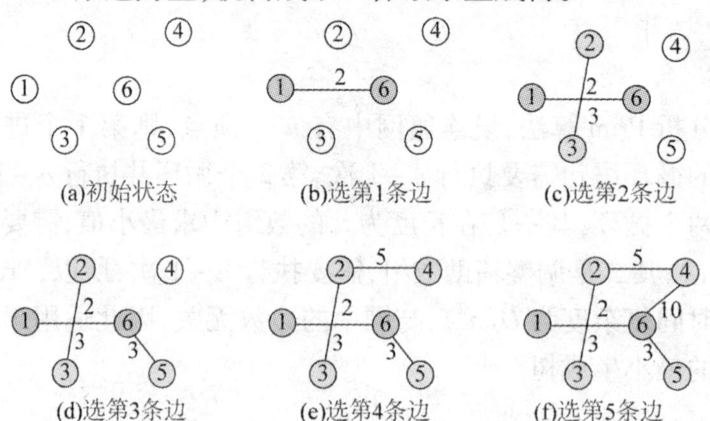

图6-13　Kruskal算法构造最小生成树的过程

① 徐超,康丽军. 算法与数据结构(C++版). 北京:北京大学出版社,2007

下面介绍克鲁斯卡尔算法的实现。

设置一个结构数组 edge 存储网中所有的边，边的类型包括构成的顶点信息和边权值，定义如下：

```
template < class T >
struct EdgeInfo {
      T beginVex, endVex;
      int cost;
};
```

在数组 edge 中，每个分量 edge[i]代表网中的一条边，其中 edges[i].beginVex 和 edges[i].endVex 表示该边的两个顶点，edge[i].cost 表示这条边的权值。对于有 n 个顶点的网，设置一个数组 father[n]，其所有元素的初值为 -1，表示各个顶点在不同的连通分量上。然后，依次取出 edge 数组中每条边的两个顶点，查找它们所属的连通分量，假设 vf1 和 vf2 为两顶点所在树的根结点在 father 数组中的序号，若 vf1 不等于 vf2，表明这条边的两个顶点不属于同一分量，则将这条边作为最小生成树的边输出，并合并它们所属的两个连通分量。

下面的代码实现克鲁斯卡尔算法，其中函数 Find 的作用是寻找图中顶点所在树的根结点在数组 father 中的序号。函数 OrderEdge 的作用是对边预处理排序。

```
int Find(int father[ ],int e);
template  < classT >
void OrderEdge(Graph < T > G,EdgeInfo < T > edge[ ])
{
      int i,j,n = G.NumberOfVertices;
      int k =0;
      for(i =0;i < n;i ++)
            for(j =0;I < n;i ++)
            if(G.getWeight(i,j)) {
```

```
            edge[k].beginVex = i;
            edge[k].endVex = j;
            edge[k].cost = G.getWeight(i,j);
            k ++;
        }
    //按权值排序
    int temp;
    for(i = 0;i < k;i ++)
        for(i = k - 1;j > = i;j - -)
            if(edge[j + 1].cost < edge[j].cost)   {
                temp = edge[j].cost;
                edge[j].cost = edge[j + 1].cost;
                edge[j + 1].cost = temp;
            }
}
//求最小生成树
template < c1ass T >
void MiniSpanTreeKruskal ( Graph < T > G, EdgeInfo < T >
                                edge[ ])
{
    int Father[k];
    int vf1,vf2;
    for(i = 0;i < k;i ++) Father[i] = 0;
    for(i = 0;i < k;i ++)
    {
        vf1 = Find(Father,edge[i].beginVex);
        vf2 = Find(Father,edge[i].endVex);
        if(vf1 !  = vf2)
        { Fathter[vf2] = vf1;
```

```
                cout << Edges[i].beginVex << Edges[i].end-
vex;
                                        //输出一条生成树的边
            }
        }
    }
    //寻找顶点 v 所在树的根结点
    int Find(int Father[],int v)
    {
        int t;
        t = v;
        while (Father[t] >0)
            t = Father[t];
        return(t);
    }
```

在克鲁斯卡尔算法中,第二个 for 循环是影响时间效率的主要操作,其循环次数最多为边数 $E(G)$,其内部调用的 Find 函数的内部循环次数最多为 $V(G)$,所以克鲁斯卡尔算法的时间复杂度为 $O(V(G)E(G))$。显然它比较适合于稀疏图。

6.4　最短路径

6.4.1　单源最短路径问题

最短路径是又一种重要的图算法。在实际生活中,如某人要从 A 城到 B 城,他需要考虑两地之间是否有路可通?在有几条通路的情况下,哪一条路最短?这就是路由选择。他的选择有两种,一种是选择花费少的线路径,另一种是选择中转站少的线路,这两种都是最短路径问题。两者相比,前者指的是从一点到另一点边的代价和最小,也就是边上权值和最小;而后者指的是由一点到另一点所经过的边少。这样的问题在日常生活中常常遇到。计算机通信网络的网络层中的路由选择的一种方法就是用最短路径算法为每个站建立一张路由表,列出从该站到它所有可能的目的地的输出链路。当然,这时,作为边上的权值就不仅仅是线路长度,而应反映线路的负荷、中转次数、站的能力等综合因素。

在本书中,我们主要讨论如下两类求最短路径的算法:

①求从一个顶点到其他各顶点最短路径的算法,即所谓求单源最短路径的迪杰斯特拉算法。

②求每对顶点间的最短路径的弗洛伊德算法。

本小节我们来讨论单源最短路径问题的迪杰斯特拉算法及其算法实现,下一小节我们讨论每对顶点间的最短路径的弗洛伊德算法及其实现。

所谓单源最短路径是指对已知图 $G=(V,E)$,给定源顶点 v,找出 v 到其余各顶点的最短路径。需要明确的是,我们所讨论的最短路径问题是指从某个源点到其余顶点路径上边的权值之和最小,而不是路径上边的数目最少,并称路径上第 1 个顶点为源点,最后一个顶点为终点。

迪杰斯特拉提出了按路径长度递增的次序逐一产生最短路径的算法,具体描述如下:

首先求得长度最短的一条最短路径,再求得长度次短的一条最短路径,以此类推,直到从源点到其他所有顶点之间的最短路径都已求得为止。

设集合 S 存放已经求得最短路径的终点,则 $V-S$ 为尚未求得最短路径的终点。初始状态时,集合 S 中只有一个源点,设为顶点 v_0。迪杰斯特拉算法的具体做法如下:

①首先产生从点 v_0 到自身的路径,其长度为 0,将 v_0 加入 S。

②算法的每一步上，按照最短路径值的递增次序，产生下一条最短路径，并将该路径的终点 $v_j \in V-S$ 加入 S。

③直到 $V-S$，算法结束。

在这里，我们将当前最短路径定义如下：

在算法执行中，一个顶点 $v_j \in V-S$ 的当前最短路径，是一条从源点 v_0 到顶点 v_j 的路径$(v_0,v_1,\cdots,v_i,v_j)$，在该路径上，除顶点 v_j 外，其余顶点的最短路径都已求得，即路径$(v_0,v_1,\cdots,v_i,v_j)$上所有顶点都属于 S，路径$(v_0,v_1,\cdots,v_i,v_j)$是所有可达 v_j 顶点的路径中路径最短的。

我们将迪杰斯特拉算法描述如下：

用邻接矩阵来表示带权有向图。

①引入一个辅助数组 dist[n]，元素 dist[i]表示当前所找到的源点 v 到每个终点 v_i 的最短路径长度。最短路径的初值即为弧的权值，即

dist[i] = arcs[LocateVex(v)][i]

②引入一个辅助数组 s [n]，即集合 S，存放已确定最短路径长度的顶点。初始状态只有源点 v。

③辅助数组 path[n]，元素 path[i]是一个串，表示当前所找到的从源点 v 到 v_i 的最短路径。初态：若从 v 到 v_i 有弧，则 path[i]为“vv_i”，否则置 path[i]为空串。

④选择 v_j 使得

$$\text{dist}[j] = \min\{[\text{dist}[i] \mid v_i \in V-S]\}$$

v_j 就是当前求得的一条从 v 出发的最短路径的终点。v_j 进入 S 集合。

⑤修改从 v 出发到集合 $V-S$ 上任一顶点 v_k 可达的最短路径长度，如果

dist[j] + arcs[j][k] < dist[k]

则修改 dist[k]为

dist[k] = dist[j] + arcs[j][k]

即确定 $v \to v_k$ 的当前最短路径,这个最短路径可能是弧 $<v,v_k>$ 的权值 dist[k],也可能是路径(v,v_j,v_k)的路径长度。如图 6-14 所示,是修改 dist[k]的示意图。

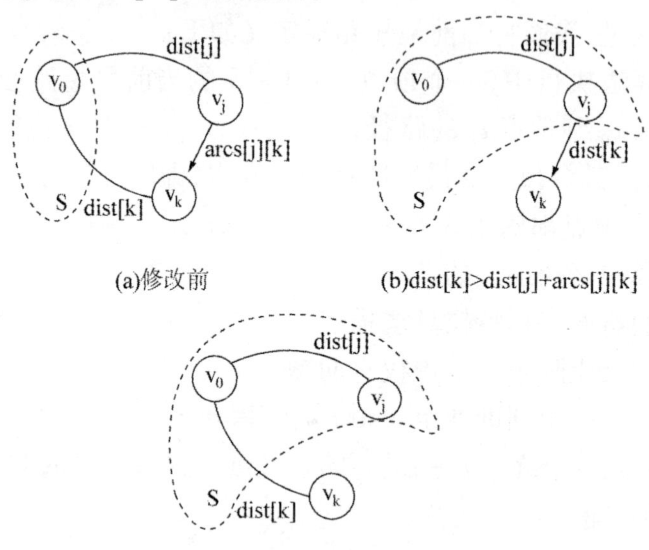

图 6-14　修改 dist[k]的值

⑥重复操作④、⑤共 $n-1$ 次。求得从 v 到图上其余各顶点的最短路径长度递增序列。

迪杰斯特拉算法的实现程序如下:

```
template <typename T>
void MGraph <T> ::Dijkstra(T v)
{
    int s[MaxVertexNum];
    int dist[MaxVertexNum];
    int i,j,k,min;
    string path[MaxVertexNum];
    int u = LocateVex(v);          //求源点序号
    //初始化 dist[n]、path[n]
```

```
        for(i=0;i<vexnum;i++)
        {
            dist[i]=arcs[u][i];
            s[i]=0;
            if(dist[i]!=infinity)
                path[i]=v+vexs[i];
            else
                path[i]="";
    }
    s[u]=1;                         //初始化集合S
    //当数组s中的顶点数小于图的顶点数时循环
    for(i=0;i<vexnum-1;i++)
    {
        min=1nfinity;
        k=u;
        //在dist中查找最小值元素
        for(j=0;j<vexnum,j++)
            if(dist[j]<min&&!s[j])
            {
                k=j;
                min=dist[j];
            }
        s[k]=1;      //将顶点k加入集合S
        //修改数组dist和path
        for(j=0;j<vexnum;j++)
            if(arcs[k][j]<infinity&&dist[j]>dist[k]+arcs
                        [k][j]&&!s[j])
            {
                dist[j]=dist[k]+arcs[k][j];
```

```
                path[j] = path[k] + vexs[j];
            }
    }
    //输出路径
    for(j = 0;j < vexnum,j ++ )
        if(dist[j] < infinity)
            cout << path[j] << "" << dist[j] << endl;
        else if(j!  = u)
            cout << v << vexs[j] << "no path" << endl;
}
```

设 n 是图中顶点的个数,第 1 个循环执行 $n-1$ 次;第 2 个循环也执行 $n-1$ 次,内嵌两个并列的循环,第 1 个循环是在数组 dist 中求最小值,执行 $n-1$ 次,第 2 个循环是修改数组 dist 和 path,需要执行 n 次,所以总的时间复杂度是 $O(n^2)$。

6.4.2 每一对顶点间的最短路径问题

本小节,我们来分析讨论每对顶点间的最短路径的弗洛伊德算法。例如,从甲地到乙地选择什么样的旅行路线最佳?要解答这个问题,一个自然的方案是,以网络中每个顶点为源点,分别调用 Dijkstra 算法,若网络中含有 n 个顶点,则用 $O(n^3)$ 的时间就可求出网络中每对顶点间的最短路径。

弗洛伊德(Floyd)提出的另一种算法,该算法形式上比 Dijkstra 算法要简单,总的时间开销仍为 $O(n^3)$。

设网络不含负耗费,用相邻矩阵 adj 表示网络,弗洛伊德算法的基本思想是递推地产生矩阵序列 $\text{adj}^{(0)}, \text{adj}^{(1)}, \cdots, \text{adj}^{(k)}, \cdots, \text{adj}^{(n)}$,其中,$\text{adj}^{(0)} = \text{adj}$,$\text{adj}^{(0)}[i][j] = \text{adj}[i][j]$ 可以解释为从顶点 v_i 到顶点 v_j 中间顶点序号不大于等于 1(也就是说不允许任何顶点作为中间顶点)的最短路径长度(顶点编号从 $v_1, \cdots, v_n$)。对于一般的 $k(k=1,2,\cdots,n)$,定义 $\text{adj}^{(k)}[i][j]$ = 允许 $v_1, \cdots, v_k$ 作为中间顶点,从顶点 v_i 到 v_j 的最短路径长度。显然,如果能递推地产生矩阵序列 $\text{adj}^{(k)}$,则 $\text{adj}^{(n)}$ 中记录了任意两顶

点间的最短路径。由 $adj^{(k)}[i][j](1\leqslant i\leqslant n,1\leqslant j\leqslant n)$ 的定义，不难得到由 $adj^{(k-1)}$ 产生 $adj^{(k)}$ 的方法。

$$adj^{(k)}[i][j]=\begin{cases} adj^{(k-1)}[i][j], & \text{从 } v_i \text{ 到 } v_j \text{ 许 } v_1,\cdots,v_k \text{ 作为中间结点的最短路径上不含 } v_k \\ adj^{(k-1)}[i][k]+adj^{(k-1)}[k][j], & \text{从 } v_i \text{ 到 } v_j \text{ 许 } v_1,\cdots,v_k \text{ 作为中间结点的最短路径上含 } v_k \end{cases}$$

下面给出弗洛伊德算法求网络中任意两顶点间的最短路径的程序。设网络用相邻矩阵 $adj_{n\times n}$ 表示，路径用整型二维数组 $P_{n\times n}$ 表示多用 $D_{n\times n}$ 记录任意两顶点间的最短路径。

```
int path[n][n];
void Floyd(int D[][n],int adj[][n])
{
int max =32767;
for(int i =0;i <n;i ++)          //给 D,path 赋初值
for(int j =0;j <n;j ++)
{
if(adj[i][j]! =max) path[i][j] =i +1;
else path[i][j] =0;
D[i][j] =adj[i][j];
}
for(intk =0;k <n;k ++)      //n 次迭代产生矩阵序列
for(i =0;i <n;i ++)
for(j =0;j <n;j ++)
if(D[i][j] >(D[i][k] +D[k][j]))
{
D[i][j] =D[i][k] +D[k][j];
path[i][j] =path[k][j];
}
}
```

第7章 查找的结构及算法实现

我们的日常生活离不开形形色色的查询操作,如电话号码查询、考试成绩查询、在互联网上检索某篇文章等。在计算机领域,查找也是计算机技术实现的一个必不可少的重要环节。在前面的讨论中,我们也简单涉及一些查找运算,但是由于查找运算的使用频率很高,而且,提高查找效率进而提高计算机运行速率是当今计算机邻域的一个重要研究课题,所以在本章中,我们将对查找的结构及算法实现展开专门的讨论。

7.1 查找的基本概念

查找又称为查询、检索。在计算机中存储数据的目的是为了更好地使用这些数据,因此,查找是数据处理的最重要操作之一。在这里,我们将查找的基本概念介绍如下:

(1)查找表和查找

在讨论查找运算时,假定被查找的对象是由一组具有相同数据类型的结点(数据元素)构成的表或文件,称为查找表。表中每个结点则由若干个数据项组成,并假设每个结点都有一个唯一能标识该结点的关键字。在这种假定下,查找的定义如下:

给定一个值 k,在含有 n 个结点的查找表中找出关键字等于给定值 k 的结点。若找到,则查找成功,返回该结点的信息或该结点在表中的位置;否则查找失败,返回空记录、空指针或相府的提示信息。

(2)内查找与外查找

查找同排序一样,有内查找和外查找之分:若整个查找过程都在内存中进行，则称之为内查找；反之称为外查找。[①]

(3)静态查找和动态查找

不涉及插入和删除操作的查找称为静态查找，静态查找在查找不成功时，只返回一个不成功标志，查找的结果不改变查找集合。

涉及插入和删除操作的查找称为动态查找，动态查找在查找不成功时，需要将被查找的记录插入到查找集合中，查找的结果可能会改变查找集合。

查找集合一旦生成，便只对其进行查找，而不进行插入和删除操作，或经过一段时间的查找之后，集中地进行插入和删除等修改操作，这种场合下适用静态查找；查找与插入和删除操作在同一个阶段进行，例如，在某些问题中，当查找成功时，要删除查找到的记录，当查找不成功时，要插入被查找的记录，这种场合下适用动态查找。

(4)平均查找长度

由于查找运算的主要操作是关键字的比较，因此，通常把查找过程中的平均比较次数（也称为平均查找长度）作为衡量一个查找算法效率优劣的标准。平均查找长度 ASL 的计算公式定义为

$$\mathrm{ASL} = \sum_{i=1}^{n} P_i C_i$$

其中，n 为结点的个数；P_i 是查找第 i 个结点的概率；C_i 为找到第 i 个结点所需要比较的次数。若查找每个元素的概率相等，则平均查找长度计算公式可简化为

$$ASL = \frac{1}{n}\sum_{i=1}^{n} C_i$$

① 苏仕华，刘燕军，刘振安．数据结构：C++语言描述．北京：机械工业出版社，2014

(5)查找结构

一般而言,各种数据结构都会涉及查找操作,例如前面介绍的线性表、树与图等。这些数据结构中的查找操作并没有被作为主要操作考虑,它的实现服从于数据结构。但是,在某些应用中,查找操作是最主要的操作,为了提高查找效率,需要专门为查找操作设置数据结构,这种面向查找操作的数据结构称为查找结构。

7.2 顺序表的查找

顺序表是指线性表的顺序存储结构。在这一节中,我们假定顺序表的元素类型为结构 NodeType,这个结构仅含有关键字 key 域,其他数据域省略,key 域的类型假定使用标识符 KeyType (int)表示。通过结构的指针 data 为顺序表申请一块连续的动态内存空间以存储要查找的数据,这类似于采用结构的一维数组来存储数据。假设头文件为 SeqList. h,具体顺序表的类型及相关操作定义如下:

```
//SeqList. h
typedef int KeyType;
typedef struct{
    KeyType key;
}RecNode;
class SeqList {
public:
    SeqList(int MaxListSize =100);
    ~SeqList(){delete[]data;}
    void createList(int n);
    int seqsearch(KeyType k);       //顺序查找
    int seqsearch1(KeyType k);      //有序表的顺序查找
```

```
    int BinSearch( KeyType k,int 1ow,int high);
                                                  //二分查找
    friend void BinInsert( SeqList &R,KeyType x);
    void PrintList( );
private:
    int length;          //实际表长
    int MaxSize;         //最大表长
    RecNode  * data;   //结构指针
};
    SeqList::SeqList(int MaxListSize)
    {
        MaxSize = MaxListSize;
        data = new RecNode[MaxSize + 1];
                                  //申请动态内存
        length =0;
    }
    void SeqList::CreateList(int n)
    {
        for(int i =1;i< =n;i ++)
        cin >> data[i].key;
        length = n;
}
```

在顺序表上的查找方法有多种,下面,我们来介绍三种最常用和最主要的方法。

1. 顺序查找

顺序查找又称线性查找,它是一种最简单和最基本的查找方法。其基本思想如下:

从表的一端开始,顺序扫描线性表,依次把扫描到的记录关键字与给定的值忍相比较;若某个记录的关键字等于 k,则表明查找成功,返回该记录所在的下标;若直到所有记录都比较完,仍未找到关键字与 k 相等的记录,则表明查找失败,返回0值。

顺序查找的算法描述如下:

```
int SeqList::Seqsearch(KeyType k)
{
    data[0].key=k;
    int i=length;
    while(data[i].key! =k)
        i--;
    returni;
}
```

由于这个算法省略了对下标越界的检查,因此查找速度有了很大的提高。哨兵也可以设在高端,其算法留给读者自己设计。尽管如此,顺序查找的速度仍然是比较慢的,查找最多需要比较 $n+1$ 次。若整个表 $R[1..n]$ 已扫描完,还未找到与 k 相等的记录,则循环必定终止于 $R[0]$. key = =k,返回值为0,表示查找失败,总共比较了 $n+1$ 次。若循环终止于 $i>0$,则说明查找成功,此时,若 $i=n$,则比较次数 $C_n=1$;若 $i=1$,则比较次数 $C_1=n$;一般情况下,$C_i=n-i+1$。因此,查找成功时平均查找长度为

$$\text{ASL}=\sum_{i=1}^{n-1}P_iC_i=\sum_{i=1}^{n-1}P_i(n-i+1)=\frac{(n+1)}{2}$$

即顺序查找成功时的平均查找长度约为表长的一半(假定查找某个记录是等概率的)。如果查找成功和不成功机会相等,那么顺序查找的平均查找长度为

$$\frac{\left(\frac{(n+1)}{2}+(n+1)\right)}{2}=\frac{3}{4}(n+1)$$

顺序查找的优点是简单,且对表的结构无任何要求,无论是

顺序存储还是链式存储,无论是否有序,都同样适用;缺点是效率低。

假设要查找的顺序表是按关键字递增有序的,这时按前面所给的顺序查找算法同样也可以实现,但是表有序的条件就没能用上,这其实就是资源上的浪费。那么,如何才能用上的这个条件呢?可用下面给出的算法来实现:

```
int SeqList::SeqSearchl(KeyType k)
{
    int i = length;
    while(data[i].key > k)。
        i - -;
    if(data[i].key = = k)
        return i;
    return 0;
```

上述算法中,循环语句是做以下判断:

当要查找的值 k 小于表中当前关键字值时,就循环向前查找,一旦大于或等于关键字值时就结束循环;然后再判断是否相等,若相等,则返回相等元素下标,否则,返回0值表示未查到。该算法查找成功的平均查找长度与无序表查找算法的平均查找长度基本一样,只是在查找失败时,无序表的查找长度是 $n+1$,而该算法的平均查找长度则是表长的一半,因此,该算法的平均查找长度为

$$\frac{\left(\frac{(n+1)}{2}+\frac{(n+1)}{2}\right)}{2}=\frac{(n+1)}{2}$$

2. 二分查找

二分查找又称折半查找,它是一种效率较高的查找方法。二分查找要求查找对象的线性表必须是顺序存储结构的有序表(不妨设递增有序)。二分查找的过程是:

首先将待查的 k 值和有序表 data[1..n]中间位置 mid 上的记录的关键字进行比较,若相等,则查找成功,返回该记录的下标 mid。否则,若 data[mid].key > k,则 k 在左子表 data[1..mid-1]中,接着再在左子表中进行二分查找即可;若 data[mid].key < k,则说明待查记录在右子表 data[mid+1..n]中,只要接着在右子表中进行二分查找即可。这样,经过一次关键字的比较,就可缩小一半的查找空间,如此进行下去,直到找到关键字为 k 的记录或者当前查找区间为空时(即查找失败)为止。二分查找的过程是递归的,因此,可用递归的方法来处理,也可以不用递归方法来处理。下面是用非递归方法实现的二分查找算法:

```
int SeqList::BinSearch(KeyType k,int low lin thigh)
{   //在区间 R[1ow..high]内进行二分递归查找
    //low 的初始值为 1. high 的初始值为 n
    int mid;
    while(low< =high){
        mid=(1ow+high)/2;
        if(data[mid].key= =k)return mid;
    if(data[mid].key>k)
        high=mid-1;
    else
        low=mid+1;
    }
    return 0;
}
```

二分查找过程可用一棵二叉树来描述。树中每个子树的根结点对应当前查找区间的中位记录 data[mid],它的左子树和右子树分别对应区间的左子表和右子表,通常将此树称为二叉判定树。由于二分查找是在有序表上进行的,所以其对应的判定树必定是一棵二叉排序树。二分查找算法在查找成功时进行关键字比较的次数最多不超过判定树的深度。假设有序表的长度 $n=2^k-1$, $h=\log_2(n+1)$,则描述二分查找的判定树是深度为 h 的满二叉树,树中层次为1的结点有1个,层次为2的结点有2个,…,层次为 h 的结点有 2^{h-1} 个。假设每条记录的查找概率相等,即 $P_i=\frac{1}{n}$,则查找成功时二分查找的平均长度为

$$\text{ASL} = \sum_{i=1}^{n} P_i C_i = \frac{1}{n}\sum_{i=1}^{h} j \cdot 2^{j-1} = \frac{(n+1)}{2}\log_2(n+1)-1$$

因为树中第 j 层上结点个数为 2^{j-1},查找它们所需要比较的次数是 j。当 n 很大很大时,可用近公式 $\text{ASL}=log_2(n+1)-1$ 来表示二分查找成功时的平均查找长度。二分查找失败时所需要比较的关键字个数不超过判定树的深度。因为判定树中度数小于分的结点只可能在最下面的两层,所以 n 个结点的判定树的深度和几个结点的完全二叉树的深度相同,即为 $\lceil \log_2(n+1) \rceil$。由此可见,二分查找的最坏性能和平均性能相当接近。

3. 分块查找

分块查找又称索引顺序查找,它是一种介于顺序查找和二分查找之间的查找方法。它要求按如下的索引方式来存储线性表:

将表 $R[1..n]$ 均分为 b 块,前 B1 块中的结点个数为 $s=\lceil n/b \rceil$,第 b 块的结点个数 $\leqslant s$;每块中的关键字不一定有序,但前一块中的最大关键字必须小于后一块的最小关键字,即要求表是“分块有序”的;抽取各块中的最大关键字及其起始位置构成一个索引表 ID[1..b],即 $ID[i](1\leqslant i\leqslant b)$ 中存放着第 i 块的最大关键字及该块在表 R 中的起始位置,显然,索引表是按关键字递增有序的。表及其索引表如图 7-1 所示。

分块查找的基本思想如下:

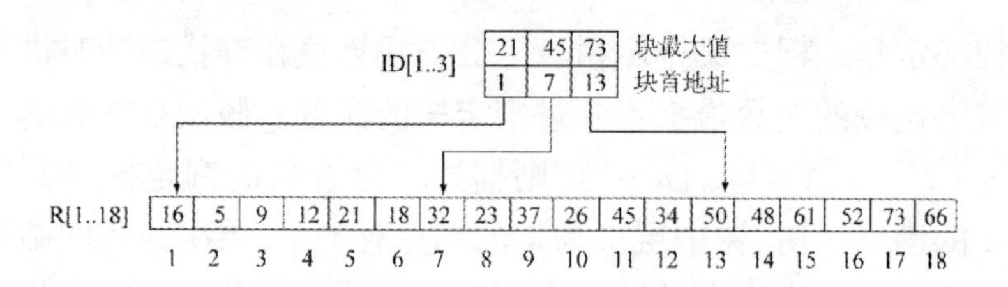

图 7-1 分块有序表及其索引表的存储表示

首先查找索引表,可用二分查找或顺序查找,然后在确定的块中进行顺序查找。由于分块查找实际上是两次查找过程,因此整个查找过程的平均查找长度是两次查找的平均查找长度之和。

查找块有两种方法。一种是二分查找,若按此方法来确定块,则分块查找的平均查找长度为

$$ASL_{blk} = ASL_{bin} + ASL_{seq} = \log(b+1) - 1 + \frac{(s+1)}{2}$$

$$\approx \log\left(\frac{n}{s}+1\right) + \frac{s}{2}$$

另一种是顺序查找,此时的分块查找的平均查找长度为

$$ASL_{blk} = \frac{(b+2)}{2} + \frac{(s+2)}{2} = \frac{(s^2+2s+n)}{2s}$$

7.3 树表的查找

树表查找是对树形存储结构所做的查找,本节,我们将分二叉排序树和平衡二叉树两方面来讨论树表的查找。

7.3.1 二叉排序树

1. 二叉排序树的基本定义

二叉排序树又称二叉查找(搜索)树,其定义如下:

二叉排序树或者是空树,或者是满足如下性质的二叉树:

①若它的左子树非空,则左子树上所有结点的值均小于根结点的值。

②若它的右子树非空,则右子树上所有结点的值均大于根结点的值。

③左、右子树本身又各是一棵二叉排序树。

上述性质简称二叉排序树性质(BST 性质),故二叉排序树实际上是满足 BST 性质的二叉树。由 BST 性质可知,二叉排序树中任一结点 X,其左(右)子树中任一结点 Y(若存在)的关键字必小(大)于 X 的关键字。如此定义的二叉排序树中,各结点关键字是唯一的。但实际应用中,不能保证被查找的数据集中各元素的关键字互不相同,所以可将二叉排序树定义中 BS T 性质①里的“小于”改为“小于等于”,或将 BST 性质(2)里的“大于”改为“大于等于”,甚至可同时修改这两个性质。

从 BST 性质可推出二叉排序树的另一个重要性质,即

按中序遍历该树所得到的中序序列是一个递增有序序列。

二叉排序树通常采用二叉链表进行存储,其结点结构可以复用二叉链表的结点结构,下是二叉排序树的 C++类定义。

```
class BiSortTree
{
publ. c:
    BiSortTree(int a[ ],int n);
    ~BiSortTree(Void);
    BTNode  *Getroot();
    BTNode * InsertBST(BTNode * root,BTNode *s);
    void DeleteBST(BTNode *p,BTNode *f);
    BTNode * SearchBST(BTNode * root,int k);
private:
    BTNode * root;
    void Release(BTNode * root);
```

```
}
```

2. 二叉排序树的插入

在二叉排序树中插入一个新结点,要保证插入后仍满足BST性质。其插入过程如下:

若二叉排序树root为空,则创建一个data域为*s*的结点,将它作为根结点,否则将*s*和根结点的关键字比较,若是s－>data<toot－>data,则将*s*插入根结点的左子树中;否则,则将它插入右子树中。

对应的递归算法InsertBST()如下:

```
BTNode * BiSortTree::InsertBST(BTNode * root,BTNode
 *s)
{
    if(root==NULL)return s;
    else
    {
        if(s->data<root->data)
            root->ichild=InsertBST(root->ichild,s);
        else
            root->rchild:InsertBST(root->rchild,s);
    return root;
    }
}
```

3. 二叉排序树的生成

二叉排序树的生成是从一个空树开始,每插入一个关键字,就调用一次插入算法将它插入到当前已生成的二叉排序树中。从关键字数组a[0..$n-1$]生成二叉排序树的算法如下。

```
BiSortTree::BiSortTree(int a[],int n)
{
```

```
    root = NULL;
    for(int i =0;i < n;i ++)
    {
        BTNode * s = new BTNode;
        s - >data = a[i];
        s - >lchild = NULL;
        s - >rchild = NULL;
        root = InsertBST(root,s);
    }
}
```

例如,已知输入关键字序列为“35,26,53,18,32,65”,按上述算法生成二叉排序树的过程如图 7-2 所示。

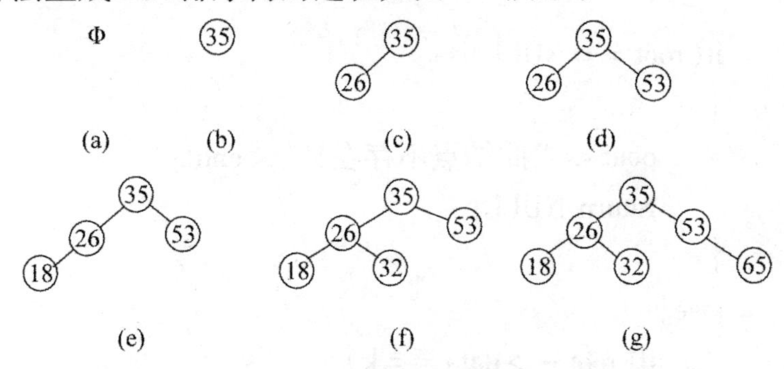

图 7-2　二叉排序树的构造过程

若输入关键字序列为“18,26,32,35,53,65”,则生成的二叉排序树如图 7-3 所示。

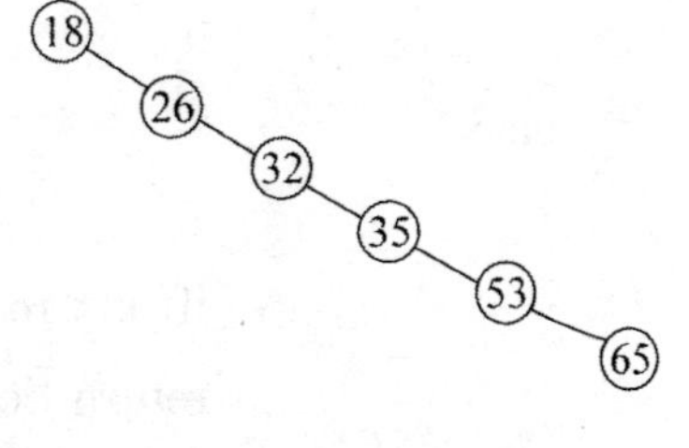

图 7-3　有序关键字的二叉排序树

我们可以发现,同样的一组关键字序列,由于其输入顺序不同,所得到的二叉排序树也有所不同。上面生成的两棵二叉排序树,一棵的深度是 3,而另一棵的深度则为 6。因此,含有 n 个结点的二叉排序树不是唯一的。

由二叉排序树的定义可知,在一棵非空的二叉排序树中,其结点的关键字是按照左子树、根和右子树有序的,所以对它进行中序遍历得到的结点序列是一个有序序列。一般情况下,构造二叉排序树的真正目的并不是为了排序,而是为了更好地查找。因此,通常称二叉排序树为二叉查找树。

4. 二叉排序树上的查找

因为二叉排序树可看作是一个有序表,所以在二叉排序树上进行查找与二分查找类似,也是一个逐步缩小查找范围的过程。递归查找算法 SearchBST( )如下。

```
BTNode  * BiSortTree::SearchBST( BTNode  * root, intk)
{
    if( root = = NULL)
    {
        cout << "此结点不存在!" << endl;
        return NULL;
    }
    eise{
        if( root - > data = = k)
        { //查找成功,返回
          cout << "查找" << root - > data << "成功!" <<
                            endl; return root;
        }
else
{
            if( k < root - > data)
            return SearchBST( root - > lchild, k) ;
        else
            return SearchBST( root - > rchild, k) ;
```

```
            }
        }
    }
```

显然,在二叉排序树上进行查找,若查找成功,则是从根结点出发走了一条从根到待查结点的路径;若查找不成功,则是从根结点出发走了一条从根到某个叶子的路径。因此与二分查找类似,和关键字比较的次数不超过树的深度。然而,二分查找法查找长度为 n 的有序表,其判定树是唯一的,而含有 n 个结点的二叉排序树却不唯一。对于含有同样一组结点的表,由于结点插入的先后次序不同,所构成的二叉排序树的形态和深度也可能不同。在二叉排序树上进行查找的平均查找长度和二叉排序树的形态有关。在最坏情况下,二叉排序树是通过把一个有序表的 n 个结点依次插入而生成的,此时所得的二叉排序树蜕化为一棵深度为 n 的单支树,它的平均查找长度和单链表上的顺序查找相同,亦是$\frac{(n+1)}{2}$。在最好情况下,二叉排序树在生成的过程中,树的形态比较匀称,最终得到的是一棵形态与二分查找的判定树相似的二叉排序树,此时它的平均查找长度大约是 $\log_2 n$。就平均时间性能而言,二叉排序树上的查找和二分查找差不多。但就维护表的有序性而言,前者更有效,因为无须移动结点,只需修改指针即可完成对二叉排序树的插入和删除操作,且其平均的执行时间均为 $O(\log_2 n)$。

5. 二叉排序树上的删除

从 BST 树上删除一个结点,仍然要保证删除后满足 BST 的性质。设被删除结点为 p,其父结点为 f,如图 7-4 中的(a)所示,是一棵 BST 树。具体删除情况分析如下。

①若 p 是叶子结点,直接删除 p,如图 7-4 中的(b)所示。

②若 p 只有一棵子树(左子树或右子树),直接用 p 的左子树(或右子树)取代 p 的位置而成为 f 的一棵子树。即原来 p 是

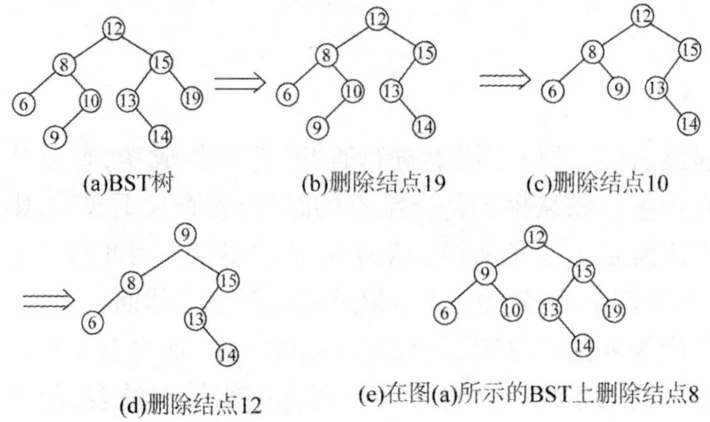

图 7-4 BST 树的结点删除情况

f 的左子树,则 p 的子树成为 f 的左子树;原来 p 是 f 的右子树,则 p 的子树成为 f 的右子树,如图 7-4 中的(c)所示。

③若 p 既有左子树又有右子树,处理方法有以下两种,可以任选其中一种。

其一,用 p 的直接前驱结点代替 p。即从 p 的左子树中选择值最大的结点 s 放在 p 的位置(用结点 s 的内容替换结点 p 内容),然后删除结点 s。s 是 p 的左子树中的最右边的结点且没有右子树,对 s 的删除同情况②,如图 7-4 中的(d)所示。

其二,用 p 的直接后继结点代替 p。即从 p 的右子树中选择值最小的结点 s 放在 p 的位置(用结点 s 的内容替换结点 p 的内容),然后删除结点 s。s 是 p 的右子树中的最左边的结点且没有左子树,对 s 的删除同情况 2,例如,对与图 7-4 中的(a)所示的二叉排序树,删除结点 8 后所得的结果如图 7-4 中的(e)所示。

7.3.2 平衡二叉树

虽然二叉排序树上实现插入和查找等操作的平均时间复杂度为 $O(\log_2 n)$,但在最坏情况下,由于树的深度为 n,这时的基本操作时间复杂度也就会增加至 $O(n)$。为了避免这种情况的发生,人们研究了多种动态平衡的方法,使得往树中插入或删除结点时,能够通过调整树的形态来保持树的平衡,使其既满足 BST 性质,又保证二叉排序树的深度在任何情况下均为 $O(\log_2 n)$,这种二叉排序树就是所谓的平衡二叉树。具体分析如下。

1. 平衡二叉树的概念

平衡二叉树是由阿德尔森-维尔斯和兰迪斯于 1962 年首先提出的,所以又称为 AVL 树。

若一棵二叉树中每个结点的左、右子树的深度之差的绝对值不超过 1,则称这样的二叉树为平衡二叉树。将该结点的左子树深度减去右子树深度的值,称为该结点的平衡因子。也就是说,一棵二叉排序树中,所有结点的平衡因子只能为 0、1、-1 时,则该二叉排序树就是一棵平衡二叉树,否则就不是一棵平衡二叉树。如图 7-5 所示的二叉排序树就是一棵平衡二叉树,而如图 7-6 所示的二叉排序树就不是一棵平衡二叉树。

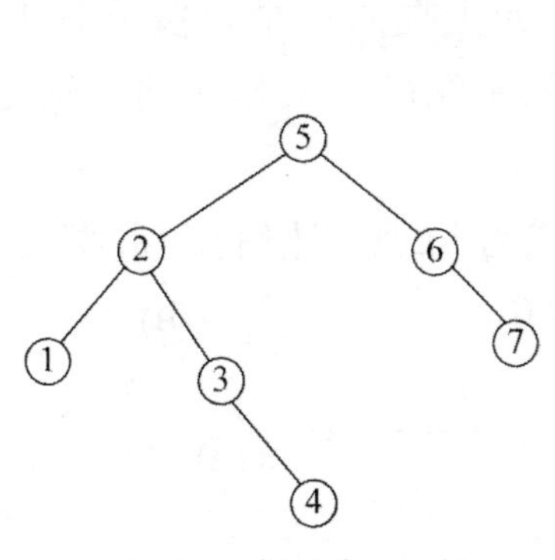

图 7-5　一棵平衡二叉树

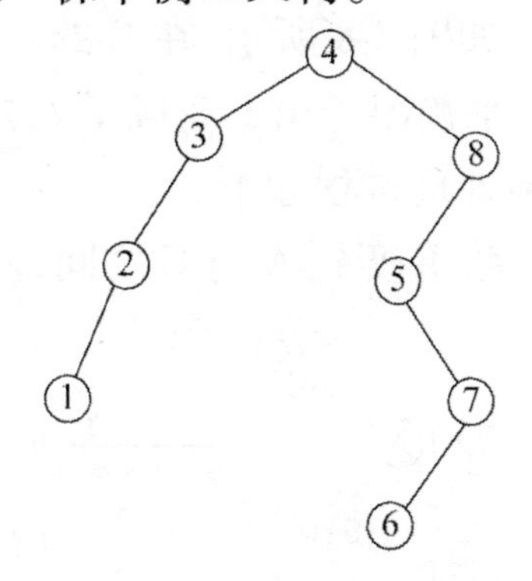

图 7-6　一棵非平衡二叉树

2. 非平衡二叉树的平衡处理

若一棵二叉排序树是平衡二叉树,插入某个结点后,可能会变成非平衡二叉树,这时,就可以对该二叉树进行平衡处理,使其变成一棵平衡二叉树。处理的原则应该是处理与插入点最近的、而平衡因子又比 1 大或比 -1 小的结点。接下来,我们分四种情况讨论平衡处理。

(1)LL 型(左左型)的处理

如图 7-7 所示,在 C 的左孩子 B 上插入一个左孩子结点 A,使 C 的平衡因子由 1 变成了 2,成为不平衡的二叉排序树。这时的平衡处理过程如下:

将 C 顺时针旋转,成为 B 的右子树,而原来 B 的右子树则变成 C 的左子树,待插入结点 A 作为 B 的左子树。

这里需要注意的是,图中结点旁边的数字表示该结点的平衡因子。

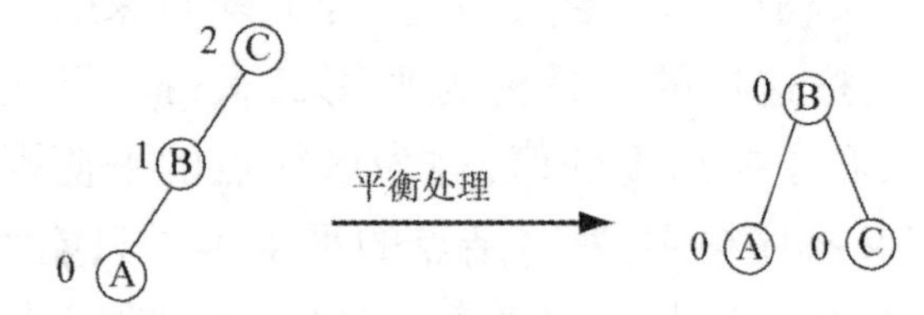

图 7-7 LL 型平衡处理

(2)LR 型(左右型)的处理

如图 7-8 所示,在 C 的左孩子 A 上插入一个右孩子 B,使的 C 的平衡因子由 1 变成了 2,成为不平衡的二叉排序树。这是的平衡处理过程如下:

将 B 变到 A 与 C 之间,使之成为 LL 型,然后按 LL 型处理。

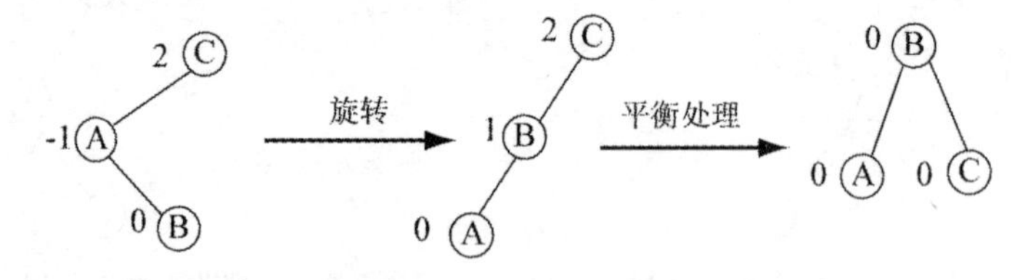

图 7-8 LR 的平衡处理

(3)RR 型(右右型)的处理

如图 7-9 所示,在 A 的右孩子 B 上插入一个右孩子 C,使 A 的平衡因子由 -1 变成 -2,成为不平衡的二叉排序树。这时的平衡处理过程如下:

将 A 逆时针旋转,成为 B 的左子树,而原来 B 的左子树则变成A的右子树,待插入结点C成为B的右子树。

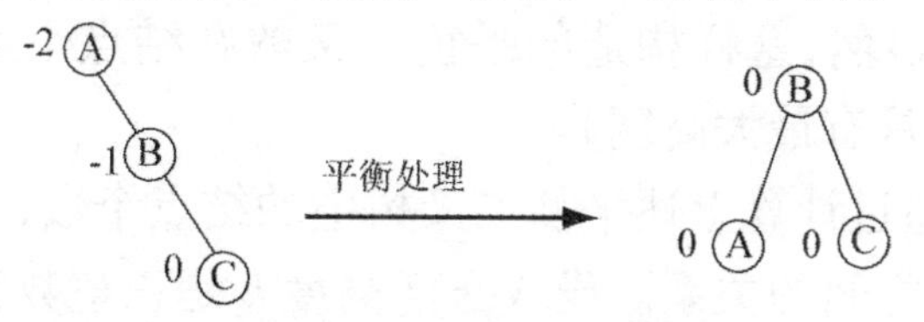

图7-9　RR型的平衡处理

(4)RL型(右左型)的处理

如图7-10所示,在A的右孩子C上插入一个左孩子B,使A的平衡因子由-1变成-2,成为不平衡的二叉排序树。这时的平衡处理过程如下:

将B变到A与C之间,使之成为RR型,然后按RR型处理。

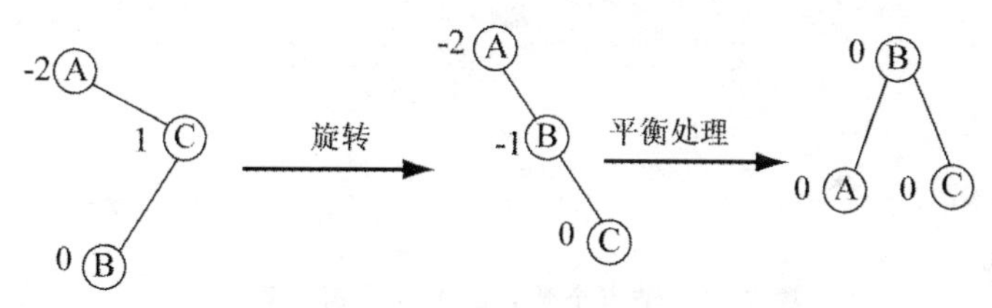

图7-10　RL型的平衡处理

3.平衡二叉树的查找

在平衡二叉树上进行查找的过程和在二叉排序树上进行查找的过程完全相同,因此,在平衡二叉树上进行查找关键字的比较次数不会超过平衡二叉树的深度。

在最坏的情况下,普通二叉排序树的查找长度为$O(n)$。那么,平衡二叉树的情况又是怎样的呢?下面分析平衡二叉树的高度h和结点个数n之间的关系。

首先,构造一系列的平衡二叉树$T_1,T_2,T_3,\cdots$,其中,T_h($h=1,2,3,\cdots$)是高度为h且结点数尽可能少的平衡二叉树,如图7-11中所示的T_1、T_2、T_3和T_4。为了构造T_h,先分别构造T_{h-1}和T_{h-2},使T_h以T_{h-1}和T_{h-2}作为其根结点的左、右子树。

对于每一个 T_h,只要从中删去一个结点,就会失去平衡或高度不再是 h（显然,这样构造的平衡二叉树在结点个数相同的平衡二叉树中具有最大高度)。

然后,通过计算上述平衡二叉树中的结点个数,来建立高度与结点个数之间的关系。设 $N(h)$（高度 h 是正整数)为 T_h 的结点数,从图 7-11 中可以看出有下列关系成立:

$$N(1)=1$$

$$N(2)=2$$

$$N(h)=N(h-1)+N(h-2)+1$$

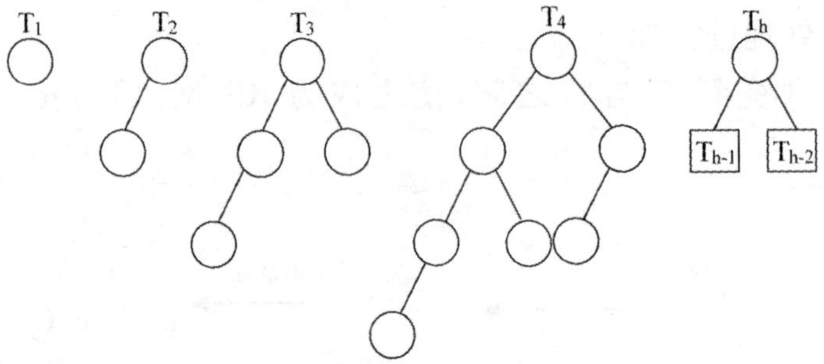

图 7-11　结点个数 n 最少的平衡二叉树

当 $h>1$ 时,此关系类似于定义 Fibonacci 数的关系

$$F(1)=1$$

$$F(2)=2$$

$$F(h)=F(h-1)+F(h-2)$$

通过检验两个序列的前几项就可以发现两者之间的对应关系

$$N(h)=F(h+2)-1$$

由于 Fibonacci 数满足渐近公式

$$F(h)=\frac{1}{\sqrt{5}}\varphi^h$$

其中,$\varphi=\frac{1+\sqrt{5}}{2}$。故由此可得近似公式

$$N(h)=\frac{1}{\sqrt{5}}\varphi^{h+1}-1\approx 2^{h}-1$$

即

$$h=\log_2(N(h)+1)$$

所以，含有 n 个结点的平衡二叉树的平均查找长度为 $O(\log_2 n)$。

7.4　散列表的查找

7.4.1　散列表的概念

前面讨论的查找方法由于数据元素的存储位置与关键字之间不存在确定的关系，因此在查找时需要进行一系列对关键字的查找比较，即查找算法是建立在比较的基础上的，查找效率由比较一次缩小的查找范围决定。理想的情况是依据关键字直接得到其对应的数据元素位置，即要求关键字与数据元素间存在一一对应关系，通过这个关系能很快地由关键字得到对应的数据元素位置。

1. 散列表

如果在结点的存储位置与它的关键字之间建立一个确定的函数关系，使每个关键字和一个唯一的存储位置相对应，则在查找时，只需要根据该函数关系计算出存储位置，就可以对结点进行访问。我们将结点的关键字与结点的存储位置之间的对应关系称为散列函数或哈希(Hash)函数，通常用 H 表示，其自变量是结点的关键字 key，即

$$H=H(\text{key})$$

散列函数的函数值称为散列地址或哈希地址，而根据散列函数建立的表就称为散列表。

在散列表中存储结点时，首先以结点的关键字为自变量，根据散列函数，计算出对应的散列地址，然后将此结点存储在该地

址上:当进行查找时,首先根据给定的关键字,用同一个散列函数计算出对应的存储地址,随后到该地址处进行访问,如图 7-12 所示。因此,散列表即是一种存储形式,又是一种查找方法,通常将这种查找方法称为散列查找。

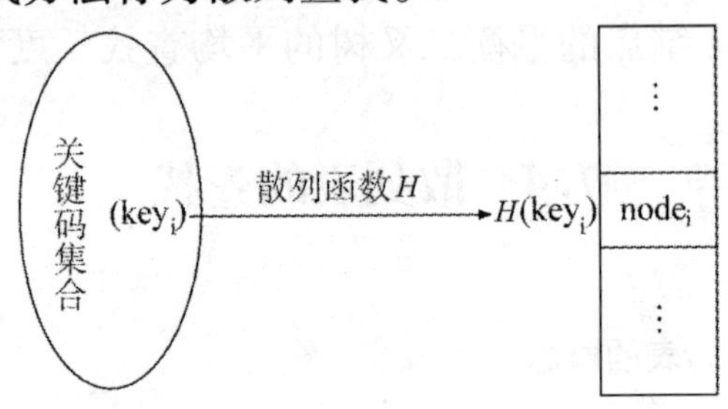

图 7-12　散列的基本思想示意图

2. 散列表的冲突现象

两个不同的关键字,由于散列函数值相同,因而被映射到同一位置上,这种现象称为冲突或碰撞。发生冲突的两个关键字称为该散列函数的同义词。

散列技术通过散列函数建立了从结点的关键字集合到散列表的地址集合的一个映射,而散列函数的定义域是查找集合中全部结点的关键字。解决冲突最理想的方法是安全避免冲突。要做到这一点必须满足两个条件:

①如果散列表有 m 个地址单元时,可能出现的关键字集合的元素个数小于或等于 m。

②选择合适的散列函数。这只适用于可能出现的关键字集合的元素较少且关键字均事先已知的情况。

此时经过精心设计散列函数办有可能完全避免冲突。

通常情况下,H 是一个压缩映像。虽然实际发生的关键字集合中的元素的个数小于等于散列表的地址单元个数 m,但是可能出现的关键字集合的元素个数大于散列表的地址单元个数 m,故无论怎样设计 H,也不可能完全避免冲突。因此,只能在设计办时尽可能使冲突最少,同时还需要确定解决冲突的方法,使发生冲突的同义词能够存储到表中。

冲突的频繁程度除了和 H 有关以外，还与表的填满程度有关，设 u 和 v 分别表示表长和表中填入的点数，则将 $\alpha = v/u$ 定义为散列表的装填因子，α 越大，表越满，冲突的机会也越大，通常取 $\alpha \leq 1$。

例如，在 C 语言的编译器中可对源程序中的标识符建立一张散列表。在设定散列函数时考虑的键集合应包含所有可能产生的关键字。假设标识符定义为以字母开头的 8 位字母或数字，而在一个源程序中出现的标识符是有限的，表长设为 1000 就足够了，地址集合中的元素为 0 ~ 999。

综上所述，散列方法需要解决以下两个问题。

①构造好的散列函数。好的散列函数的标准是，首先要尽可能简单，以便提高转换速度；其次是对关键字计算出的地址应在散列地址集中大致均匀分布，以减少空间浪费。其中的均匀指对于关键字集合中的任一关键字，散列函数能以等概率将其映射到表空间的任何一个位置上。也就是说，散列函数能将子集随机均匀地分布在散列表的地址集上，以使冲突最小化。

②制定解决冲突的方案。

7.4.2 常用散列函数的构造

散列函数的选择取决于具体应用条件下关键字的分布状况，如果预先知道其分布概率就可以设计比较好的散列函数，否则比较困难。一个好的散列函数应该让大部分的结点可以存储在根据散列地址组织的(存储结构)槽位中，或者说至少表的一半是满的，而产生的地址冲突可以由处理冲突的方法解决。下面给出一些常用的散列函数。

1. 直接定址法

散列函数 $H(\text{key}) = a \times \text{key} + b$，其中，$a$ 和 b 为常数。直接定址法取关键字的某个线性函数值为散列地址。

例如,关键字集合为{100,300,500,700,800,900},选取散列函数为$H(\text{key})=\text{key}/100$,则散列表如图7-13所示。

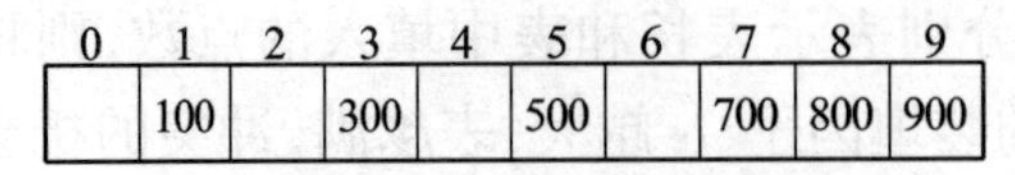

0	1	2	3	4	5	6	7	8	9
	100		300		500		700	800	900

图7-13　用直接定址法构造的散列表

由于直接定址所得地址集合和关键字集合的大小相同。因此,对于不同的关键字不会发生冲突。但实际能使用这种散列函数的情况很少。

2. 除留余数法

散列函数$H(\text{key})=\text{key} \bmod p$,其中$p$是一个整数。

除留余数法取关键字除以p的余数作为散列地址。对于此法,选取合适的p很重要。若散列表表长为m,则要求$p\leqslant m$,且接近m或等于m。p一般选取质数,也可以是不包含小于20质因子的合数。

例如,若选p是关键字的基数的幂次,就等于是选择关键字的最后若干位数字作为地址,而与高位无关。于是高位不同而低位相同的关键字均互为同义词。若关键字是十进制整数,其基数为10,则当$m=100$时,159、259、359、…均互为同义词。

3. 平方取中法

取关键字平方后的中间几位为散列函数地址。这是一种比较常用的散列函数构造方法,但在选定散列函数时不一定知道关键字的全部信息,取其中哪几位也不一定合适,而一个数平方后的中间几位数和数的每一位都相关,因此,可以使用随机分布的关键字得到函数地址。[①]

如图7-14所示,其中,随机给出一些关键字,并取平方后的第2到4位为函数地址。

---

① 李根强. 数据结构:C++描述. 北京:中国水利水电出版社,2001

关键字	（关键字）^{2}	函数地址
0100	0 010000	010
1100	1 210000	210
1200	1 440000	440
1160	1 370400	370
2061	4 310541	310

图7-14 利用平方取中法得到散列函数地址

4. 乘余取整法

散列函数$H(\text{key}) = [b \times (a \times \text{key mod})]$，其中，$a$和$b$均为常数，且$0 < a < 1$，$b$为整数。

乘余取整法以关键字key乘a，取其小数部分，之后再用整数b乘以这个值，取结果的整数部分作为散列地址。

该方法中，b取什么值并不关键。比如，完全可选择它是2的整数次幂。但a的选择却很重要，最佳的选择依赖于关键字集合的特征。Knuth建议选取$a = \frac{(\sqrt{5} - 1)}{2} \approx 0.6180339$较为理想。

5. 折叠法

折叠法是将关键字自左向右分成位数相等的几部分，最后一部分位数可以短些，然后将这几部分叠加求和，并按散列表表长，取后几位作为散列地址。一般有以下两种叠加方法。

①移位法，将各部分的最后一位对齐相加。

②间界叠加法，从一端向另一端沿各部分分界来回折叠后，最后一位对齐相加。

例如，若关键字为key = 25346358705，设散列表长为3位数，则可将关键字每3位作为一部分来分割。关键字分割为如下4组，分别为253、463、587和05。用上述方法计算散列地址如图7-15所示。对于位数很多的键，且每一位上符号分布较均匀时,可采用此方法求得散列地址。

```
  253              253
  463              364
  587              587
+  05            +  50
 ----             ----
 1308             1254
H(key)=308       H(key)=254
```

(a)移位法　　(b)间界叠加法

图 7-15　折叠法

6. 数字分析法

设关键字集合中,每个关键字均由 m 位组成,每位上可能有 r 种不同的符号。例如,若关键字是 4 位十进制数,则每位上可能有 10 个不同的字符 0 ~ 9,所以 $r=10$。

数字分析法根据 r 种不同的符号在各位上的分布情况,选取某几位组合成散列地址。所选的位应是各种符号出现的频率大致相同的位。

例如,若有如下一组关键字,如图 7-16 中的(a)所示,第 1 位和第 2 位均是 3 和 4,第 3 位也只有 7、8、9,因此,这几位不能用。余下 4 位分布较均匀,可作为散列地址选用。若散列地址是 2 位,则可取这 4 位中的任意 2 位组合成散列地址,也可以将其中 2 位与其他 2 位叠加求和,取低 2 位作为散列地址,这里选取最后两位作为散列地址,如图 7-16 中的(b)所示。

①	②	③	④	⑤	⑥	⑦
3	4	7	0	5	2	4
3	4	8	2	6	9	6
3	4	8	5	2	7	0
3	4	8	6	3	0	5
3	4	9	8	0	5	8
3	4	7	9	6	7	1
3	4	7	3	9	1	9

(a) 关键字(第一行是关键码位数)

关键字							散列地址
3	4	7	0	5	2	4	24
3	4	8	2	6	9	6	96
3	4	8	5	2	7	0	70
3	4	8	6	3	0	5	05
3	4	9	8	0	5	8	58
3	4	7	9	6	7	1	71
3	4	7	3	9	1	9	19

(b) 关键字及对应散列地址

图7-16 数字分析法示例

7.4.3 处理冲突的方法与散列表查找

用散列法构造表时可通过散列函数的选取来减少冲突,但冲突一般不可避免,为此,需要有解决冲突的方法,常用的解决冲突的方法有两大类,即开放定址法和拉链法。

散列表的查找过程与建表的过程基本一致。给定一个关键字值 K,根据建表时设定的散列函数求得散列地址,若表中该地址对应的空间是空的,则说明查找不成功;否则将该地址单元的关键字值与 K 比较,若相等则表明查找成功,不相等再根据建表时解决冲突的方法寻找下一个地址,反复进行,直到查找成功或找到某个存储单元为空(查找不成功)为止。在线性表的散列存储中,处理冲突的方法不同,其散列表的类型定义也不同。

1. 用开放定址法处理冲突和实现散列表查找

开放定址法又分为线性探查法、二次探查法和双重散列法。开放定址法解决冲突的基本思想如下:

使用某种方法在散列表中形成一个探查序列,沿着此序列逐个单元进行查找,直到找到一个空闲的单元时将新结点存入其中。假设散列表空间为 $T[0..m-1]$,散列函数为 $H(\text{key})$,开放定址法的一般形式为

$$h_i=(H(\text{key})+d_i)\%m,0\leqslant i\leqslant m-1$$

其中，d_i 为增量序列，m 为散列表长。$h_0 = H(\text{key})$ 为初始探查地址（假设 $d_0 = 0$），后续的探查地址依次是 $h_1, h_2, \cdots, h_{m-1}$。

(1)线性探查法

线性探查法的基本思想是：将散列表 $T[0..m-1]$ 看成一个循环向量，若初始探查的地址为 d（即 $H(\text{key}) = d$），那么，后续探查地址的序列为 $d+1, d+2, \cdots, m-1, 0, 1, \cdots, d-1$。也就是说，探查时从地址 d 开始，首先探查 $T[d]$，然后依次探查 $T[d+1], \cdots, T[m-1]$，此后又循环到 $T[0], T[1], \cdots, T[d-1]$。分如下两种情况分析：

一种运算是插入，若当前探查单元为空，则将关键字 key 写入空单元，若不空则继续后续地址探查，直到遇到空单元插入关键字，若探查到 $T[d-1]$ 时仍未发现空单元，则插入失败（表满）；另一种运算是查找，若当前探查单元中的关键字值等于 key，则表示查找成功，若不等，则继续后续地址探查，若遇到单元中的关键字值等于 key 时，查找成功，若探查到 $T[d-1]$ 单元时仍未发现关键字值等于 key 的单元。则查找失败。

(2)二次探查法

二次探查法的探查序列是

$$h_i = (H(\text{key}) \pm i^2) \% m, 0 \leqslant i \leqslant m-1$$

即探查序列为 $d = H(\text{key}), d+1^2, d-1^2, d+2^2, d-2^2, \cdots$。也就是说，探查从地址 d 开始，先探查 $T[d]$，然后依次探查 $T[d+1^2], T[d-1^2], T[d+2^2], T[d-2^2], \cdots$。

(3)双重散列法

双重散列法是几种方法中最好的，它的探查序列为

$$h_i = (H(\text{key}) + i * H_1(\text{key})) \% m, 0 \leqslant i \leqslant m-1$$

即探查序列为 $d = H(\text{key}), (d + 1 * H_1(\text{key})) \% m, (d + 2 * H_1(\text{key})) \% m, \cdots$。该方法使用了两个散列函数 $H(\text{key})$ 和 $H_1(\text{key})$，故也称为双散列函数探查法。

开放定址法是使用线性探查法解决冲突的查找和插入算

法,其对应的散列表的类型定义如下:

```
//HashTable.h
typedef int KeyType;
typedef struct{
    KeyType key;
}RecNode;
class HashTable{
    public:
        HashTable(int MaxListSize =97);
        ~HashTable(){delete[]data;}          //析构函数
        int Hashsearch(KeyType K,int m); //散列查找
        int HashInsert(RecNode s,int m);
                                          //插入元素
        void PrintHT(int m);
    private:
        int length;
        int MaxSize;        //最大表长
        RecNode  * data;
};
HashTable::HashTable(intMaxListSize)
{   //构造函数,初始化
    Maxsize = MaxListSize;
    data = new RecNode[Maxsize];
    for(int i =0;i < Maxsize;i ++)
        data[i].key = NULL;
    length =0;
}
int h(KeyType K,int m)
{  //用除余法定义散列函数
```

```
    return K %m;
}
//采用线性探查法的散列表查找算法
int HashTable::HashSearch(KeyType K,int m)
{  //在长度为 m 的散列表 HT 中查找关键字值为 K 的元
   素位置
    int d,temp;
    d=h(K,m);
    temp=d;
    while(data[d].key! =NULL){
        if(data[d].key= =K)
            returnd;
        else
            d=(d+1)%m;
        if(d= =temp)
            return -1;
    }
    returnd;
}
//在散列表上插入一个结点的算法
int HashTable::HashInsert(RecNode s,int m)
{  //在 HT 表上插入一个新结点 s。
    int d=HashSearch(s.key,m);
    if(d= = -i) return -1;
    else{
        if(data[d].key= =s.key)
            return0;
        else{
            data[d]=s
```

```
                length ++ ;
                return1 ;
            }
        }
}
//输出散列表
void HashTable::PrintHT(int m)
{
    for(int i =0;i < m;i ++)
        cout << data[i].key << " ";
    cout << endl;
}
```

2. 用拉链法(链地址法)处理冲突和实现散列表查找

当存储结构是链表时,多采用拉链法处理冲突,具体方法如下:

把具有相同散列地址的关键字(同义词)值放在同一个单链表中,称为同义词链表。有 m 个散列地址就有 m 个链表,同时用指针数组 $T[0..m-1]$ 存放各个链表的头指针,凡是散列地址为 i 的记录都以结点方式插到以 $T[i]$ 为指针的单链表中。T 中各分量的初值应为空指针。

用拉链法处理冲突虽然比开放定址法多占用一些存储空间(用做链接指针),但它可以减少在插入和查找过程中关键字的平均比较次数(平均查找长度),这是因为,在拉链法中待比较的结点都是同义词结点,而在开放定址法中,待比较的结点不仅包含有同义词结点,而且包含有非同义词结点,往往非同义词结点比同义词结点还要多。

下面给出在用拉链法建立散列表上的查找和插入运算的散列表类的定义:

```
//HTNode.h
```

```
#define MaxSize 97
class HTNode;
typedef int DataType;
typedef HTNode  * HT[MaxSize];
class HTNode{
        public:
            HTNode(){}
            HTNode(int ms>;
            HTNode * HashSearch(int k,int m);
            int HashInsert(HTNode  * s,int m);
            void CreateHT();
            void PrintHT;
        private:
            int Ms;
            int key;
            DataType data;
            HTNode * next;
            HT ht;
};
```

下面给出相关成员函数的实现:

```
//构造函数,初始化散列表
HTNode::HTNode(int ms)
{
    MS = ms;
    for(int i = 0;i < ms;i ++){
        ht[i] = NULL;key = -1;
    }
}
//用除余法定义散列函数
int hf(int Key,int m)
```

```
{
    return Key % m;
}
//建立散列表,以0结束
void HTNode::CreateHT()
{   int k;HTNode  *s;
    do{
        cin>>k;
        if(!k)break;
        s=new HTNode;
        s->key=k;
        int i=HashInsert(s,MS);
    }while(I);
}
//输出散列表
void HTNode::PrintHT()
{   HTNode  *p;
    for(int i=0;i<MS;i++){
    p=ht[i];
    while(p!=NULL){
        cout<<p->key<<" ";
        p=p->next;
    }
    cout<<endl;
    }
}
//查找算法
HTNode * HTNode::HashSearch(int K,int m)
{   //在长度为m的散列表T中查找关键字值为K的元
      素位置
    HTNode  *p;
    p=ht[hf(K,m)];
```

```
        if(p!  =NULL)
            while(p!  =NULL&&p - >key!  =K)
                p=p - >next;
        returnp;
    }
    //插入算法
    int HTNode::HashInsert(HTNode  *s,int m)
    {   //在 ht 表上插入一个新结点*s
        HTNode  *p;
        p=Hashsearch(s - >key,m);
        if(p!  =NULL)return 0;
        else {
            int d=hf(s - >key,m);
            s - >next=ht[d];
            ht[d]=s;
            return 1;
        }
    }
```

第 8 章　排序算法及方法选择

排序又称分类,是把一批任意序列的数据元素建立某种有序排列的过程,它是数据处理中经常使用的一种重要的运算。通过对数据的排序可以提高数据表的直观性,并为查询工作提供方便。如何进行排序,特别是高效率排序是计算机应用的一个重要课题。本章我们将对排序算法及其方法选择展开讨论。

8.1　排序的基本概念

文件由一组记录组成,记录则由若干个数据项(或域)组成。所谓排序,就是要整理文件中的记录,使之按某数据项递增(或递减)次序排列起来,即输入 n 个记录 $R_1, R_2, \cdots, R_n$,其相应的排序数据项的值分别为 $K_1, K_2, \cdots, K_n$,排序后输出 $R_{i1}, R_{i2}, \cdots, R_{in}$,使得 $K_{i1} \leqslant K_{i2} \leqslant \cdots \leqslant K_{in}$(或者 $K_{i1} \geqslant K_{i2} \geqslant \cdots \geqslant K_{in}$)。

我们将用来作排序运算依据的数据项称为关键字,可以是数字类型,也可以是字符类型。关键字的选取应根据问题的要求而定。

例如,在某单位的工资管理中,每个职工的信息作为一条记录。每条记录包含职工号、姓名、性别、部门、基本工资、奖金、水电及实际工资等项内容。若要唯一地标识一个职工,则必须用"职工号"作为关键字。若要按照职工的实发工资排名,则需用"实际工资"作为关键字。

如果待排序记录的关键字均不相同时,排序结果是唯一的,否则排序结果不唯一。在待排序的文件中,存在多个关键字相同的记录,若经过排序后这些具有相同关键字的记录之间的相对次序保持不变,则该排序方法是稳定的;若具有相同关键字的记录之间的相对次序发生变化,则称这种排序方法是不稳定的。①

排序算法的稳定性是针对所有输入实例而言的,即在所有可能的输入实例中,只要有一个实例使得算法不满足稳定性要求,则该排序算法就是不稳定的。

排序方法按策略可以划分为五类,分别是插入排序、交换排序、选择排序、归并排序和分配排序,如图 8-1 所示。

大多数排序算法都有两个基本操作,即比较两个关键字的大小,改变指向记录的指针或移动记录本身。后者的实现依赖于待排序记录的存储方式。

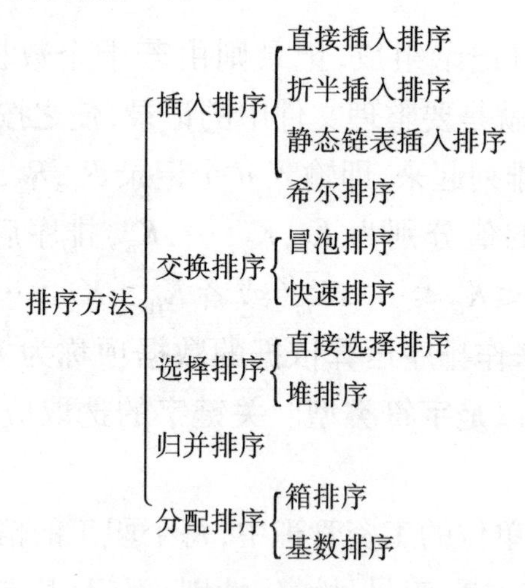

图 8-1　内部排序方法的分类

待排序文件的常用存储方式包括顺序存储、链式存储以及两者的结合。以顺序表作为存储结构,在排序过程中,通过关键字之间的比较,记录要做物理位置上的移动;以链表作为存储结

① 任燕. 数据结构:C++语言描述. 北京:清华大学出版社,2011

构,排序过程中无须移动记录,仅需修改指针。另外,有些难以在链表上实现,又想避免排序过程中移动记录,可采用顺序的方式存储待排序的记录,并同时建立一个索引表(通常包括关键字和指向记录位置的指针),排序过程中只需移动索引表的表目,而不移动记录本身。

评价排序算法好坏的标准主要有两条,即排序所需的时间和辅助空间。大多数排序算法的时间开销主要是关键字之间的比较和记录的移动,有的排序算法其执行时间不仅依赖于问题的规模,还取决于待排序文件中数据的状态。对于排序所需的辅助空间,若不依赖于问题的规模 n,即辅助空间是 $O(1)$,称为就地排序,非就地排序一般要求的辅助空间为 $O(n)$。

在 SeqList. h 中定义待排序记录的数据类型及排序文件顺序表类:

```
//SeqList. h
typedef int KeyType;
typedef int InfoType;
typedef struct {
    KeyType key;
    InfoType otherinfo;
}RecNode;
class SeqList {
    public:
        SeqList(int MaxListSize = 100);    //构造函数
        ~SeqList(){delete[] data;}        //析构函数
        void CreateList(int n);            //顺序表输入
        void Insertsort();                 //插入排序
        void ShellInsert(int dk);    //希尔排序一趟划分
```

```
        void SeqList::BubbleSort();      //冒泡排序
        friend void DbubbleSort(seqList &R,int n);
                                         //双向扫描冒泡排序
        int Partition(int i,int j);
                                         //快速排序一趟划分
        void SelectSort();               //直接选择排序
        void Sift(int i,int h);              //调整堆
        friend void HeapSort(seqList &R,int n);
                                                //堆排序
        friend void Merge(SeqList &R,SeqList &MR,int
                              low,int m,int high);
                                           //二路归并排序
        friend void MergePass(SeqList &R,SeqList &MR,
                                 int len,int n);
                                           //一趟归并排序
        void PrintList();                    //输出表
    private:
        int length;                          //实际表长
        int MaxSize;                         //最大表长
        RecNode * data;       //结构 RecNode 的指针
};
SeqList::SeqList(int MaxListSize)
{  //构造函数,申请表空间
    MaxSize = MaxListSize;
    data = new RecNode[MaxSize + 1];
    length = 0;
}
```

```
void SeqList::CreateList(int n)
{   //建立顺序表
    for(int i=1;i<=n;i++)
        cin>>data[i].key;
    length=n;
}
void SeqList::PrintList()
{   //顺序表输出
    for(int i=1;i<=length;i++)
        cout<<data[i].key<<" ";
    cout<<endl;
}
```

8.2　插入排序

将一个待排序的记录,每次按其关键字的大小插到前面已排好序的文件中的适当位置,直到全部记录插入完为止,这种排序称为插入排序。插入排序主要包括直接插入排序和希尔排序两种。详细分析如下。

8.2.1　直接插入排序

直接插入排序是一种比较简单的排序方法,它的基本操作是:假设待排序的记录存储在数组 data[1..n]中,在排序过程的某一时刻,data 被划分成两个子区间,分别是 data[1..$i-1$]和 data[i..n]。其中前一个为已排好序的有序区,而后一个为无序区,开始时有序区中只含有一个元素 data[1],无序区为 data[2..n]。排序过程中只需要每次从无序区中取出第一个元素,把它插到有序区的适当位置,使之成为新的有序区,依次这样经过 $n-1$ 次插入后,无序区为空,有序区中包含了全部 n 个元素,至此,排序完毕。其算法描述如下:

```
void SeqList::Insertsort()
{   //对顺序表 R 做直接插入排序
    for(int i =2;i < =length;i ++)
      if(data[i].key < data[i -1].key){
      //若R[i].key > =有序区中所有的 key,则 R[i]
          不动
          data[0] =data[i]; //当前记录复制为哨兵
      for(int j =i -1;data[0].key < data[j].key;j - -)
          data[j +1] =data[j];          //记录后移
      data[j +i] =data[0];      //R[i]插到正确位置
    }
}
```

算法中的 R[0]有如下两个作用:

①在进入查找循环之前,保存 R[i]的副本。

②主要的作用还是用来在查找循环中"监视"数组下标变量 j 是否越界,一旦越界($j=0$),R[0].key 自比较,使循环条件不成立而结束循环。因此,常把 R[0]称为哨兵。

直接插入排序算法有如下两个重循环:

①外循环,表示要进行 $n-1$ 趟排序。

②内循环,表明完成一趟排序所进行的记录关键字间的比较和记录的后移。

在每一趟排序中,最多可能进行 i 次比较,移动 $i-1+2=i+1$ 个记录(内循环前后做两次移动)。所以,在最坏情况下(反序),插入排序的关键字之间比较次数和记录移动次数达最大值。

$$最大比较次数:C_{\max} = \sum_{i=2}^{n} i = \frac{(n+2)(n-1)}{2}$$

$$最大移动次数:M_{\max} = \sum_{i=2}^{n}(i-1) = \frac{(n+4)(n-1)}{2}$$

由上述分析可知,当待排序文件的初始状态不同时,直接插入排序的时间复杂度有很大差别。最好情况是文件初始为正序,此时的时间复杂度是 $O(n)$,最坏情况是文件初始状态为反序,相应的时间复杂度为 $O(n^2)$。容易证明,该算法的平均时间复杂度也是 $O(n^2)$,这是因为对当前无序 data[2..$i-1$]($2 \leqslant i \leqslant n$),平均比较次数为$(i-1)/2$,所以总的比较和移动次数约为 $n(n-1)/4 \approx n^2/4$。因为插入排序不需要增加附加空间,所以其空间复杂度为 $O(1)$。若排序算法所需要的额外空间相对于输入数据量来说是一个常数,则称该类排序算法为就地排序。因此,直接插入排序是一个就地排序。

8.2.2　希尔排序

希尔排序又称"缩小增量排序",其基本思想如下:

先取定一个小于 n 的整数 d_1,作为第一个增量,把数组 data 中的全部元素分成 d_1 个组,所有下标距离为 d_1 的倍数的元素放在同一组中,即 data[1],data[$1+d_1$],data[$1+2d_1$],…为第一组,data[2],data[$2+d_1$],data[$2+2d_1$],…为第二组,……,接着在各组内进行直接插入排序;然后再取 d_2($d_2 < d_1$)为第二个增量,重复上述分组和排序,直到所取的增量 $d_t = 1$($d_t < d_{t-1} < \cdots < d_2 < d_1$),把所有的元素放在同一组中进行直接插入排序为止。

在希尔排序过程中,开始增量较大,分组较多,每个组内的记录个数较少,因而记录比较和移动次数都较少;越到后来增量越小,分组就越少,每个组内的记录个数也较多,但同时记录次序也越来越接近有序,因而记录的比较和移动次数也都较少。无论是从理论上还是实验上都已证明,在希尔排序中,记录的总比较次数和总移动次数都要比直接插入排序少得多,特别是当 n 越大时越明显。下面是希尔排序算法的一趟插入排序的成员函数 ShellInsert 的具体描述:

```
void SeqList::ShellInsert(int dk)
{   //希尔排序中的一趟插入排序,dk 为当前增量
    int i,j;
    for(i = dk + 1;i < = length;i ++)
        if(data[i].key < data[i - dk].key){
            data[0] = data[i];   //暂存在 data[0]中
            j = i - dk;
            while(j > 0&&data[0].key < data[j].key){
                data[j + dk] = data[j];
                j = j - dk;      //查找前一记录
            }
            data[j + dk] = data[0];
        }
}
```

设计一个 C++函数 ShellSort,使用 SeqList 类对象的引用作为参数,调用一趟插入排序的成员函数 ShellInsert 即可完成希尔排序。

```
void ShellSort(SeqList &R, intd[ ],int t)
{   //按增量序列 d[0..t - 1]对顺序表 R 进行希尔排序
    for(int k = 0;k < t;k ++)
        R.ShellInsert(d[ ];
```

}

因为希尔排序的时间依赖于增量序列,如何选择该序列使得比较次数和移动次数最少,至今未能从数学上解决。但已有人通过大量的实验给出目前较好的结果。结论是当 n 较大时比较和移动次数大约在 $n^{1.25}$ 至 $1.6n^{1.25}$ 之间。尽管有各种不同的增量序列,但都有一共同特征,那就是最后一个增量必须是 1,而且应尽量避免增量序列中的增量 d_i 互为倍数的情况。

8.3　交换排序

两两比较待排序记录的关键字,如果发现两个记录的次序相反即进行交换,直到所有记录都没有反序时为止,这种排序方法称为交换排序。冒泡排序和快速排序是最重要的两种交换排序,具体分析如下。

8.3.1　冒泡排序

冒泡排序是一种简单的排序方法。其基本思想是通过相邻元素之间的比较和交换,使关键字较小的元素逐渐从底部移向顶部,就像水底下的气泡一样逐渐向上冒泡,因此将使用该方法的排序称为"冒泡"排序。当然,随着排序关键字较小的元素逐渐上移(前移),排序关键字较大的元素也逐渐下移(后移),小的上浮,大的下沉,所以冒泡排序又被称为"起泡"排序。冒泡排序过程具体描述如下:

首先将 data[n].key 和 data[$n-1$].key 进行比较,若 data[n].key < data[$n-1$].key,则交换 data[n]和 data[$n-1$],使轻者上浮,重者下沉;接着比较 data[$n-1$].key 和 data[$n-2$].key,同样使轻者上浮,重者下沉,依次类推,直到比较 data[2].key 和

data[1].key,若反序则交换,第一趟排序结束,此时,记录 data[1]的关键字最小;然后再对 data[n] ~ data[2]的记录进行第二趟排序,使次小关键字的元素被上浮到 data[2]中;重复进行 $n-1$ 趟后,整个冒泡排序结束。

冒泡排序的算法描述如下:

```
voidSeqList::BubbleSort()
{    //采用自后向前扫描数组 R[1..n]做起泡排序
    int i,j,flag;
    for(i=1;i<=length;i++){
                                    //最多做 n-1 趟排序
        flag=0;
                    //flag 表示每一趟是否有交换,先置 0
        for(j=length;j>=i+1;j--)
                                    //进行第 i 趟排序
            if(data[j].key<data[j-1].key){
                data[0]=data[j-1];
                data[j-1]=data[j];
                data[j]=data[0];
                flag=1;        //有交换,flag 置 1
            }
        if(flag==0)return;
    }
}
```

从冒泡排序的算法可以看出,若待排序记录为有序的(最好情况),则一趟扫描完成,关键比较次数为 $n-1$ 次且没有移动,比较的时间复杂度为 $O(n)$;反之,若待排序序记录为逆序,则需要进行 $n-1$ 趟排序,每趟排序需要进行 $n-i$ 次比较,而且

每次比较都必须移动记录三次才能达到交换目的。因此，总共比较次数为

$$\sum_{i=1}^{n-1}(n-i)=n(n-1)/2$$

次，总移动次数为

$$\sum_{i=1}^{n-1}3(n-i)=3n(n-1)/2$$

次；在平均情况下，比较和移动记录的总次数大约为最坏情况下的一半，所以，冒泡排序算法的时间复杂度为 $O(n^2)$。另外，冒泡排序算法是稳定的。

冒泡排序算法是从最下面两个相邻的关键字进行比较，且使关键字较小的记录换至关键字较大的记录之上（即小的在上，大的在下），使得经过一趟冒泡排序后，关键字最小的记录到达最上端；接着，再在剩下的记录中找关键字最小的记录，并把它换在第二个位置上；依次类推，一直到所有的记录都有序为止。所以，我们可以设计一个修改冒泡排序算法以实现双向冒泡排序的算法。双向冒泡排序是交替改变扫描方向，即一趟从下向上比较两个相邻关键字，将关键字最小的记录换至最上面位置，再一趟则是从第二个记录开始向下比较两个相邻记录关键字，将关键字最大的记录换至最下面的位置；然后再从倒数第二个记录开始向上两两比较至顺数第二个记录，将其中关键字较小的记录换至第二个记录位置，再从第三个记录向下至倒数第二个记录两两比较，将其中较大关键字的记录换至倒数第二个位置；依次类推，直到全部有序为止。下面给出对应的友元函数 DbubbleSort 的具体算法：

```
void DbubbleSort(SeqList &R,int n)
{   //自底向上、自顶向下交替进行双向扫描冒泡排序
    int i,j;
```

```
    int Noswap;              //逻辑变量
    NoSwap = true;       //首先假设有交换,表无序
    i = 1;
    while(NoSwap) {        //当有交换时做循环
        NoSwap = false;          //置成无交换
        for(j = n - i + 1;j > = i + 1;j - - )
                          //自底向上扫描
    if(R. data[j]. key < R. data[j - 1]. key) {
              //若反序(后面的小于前一个),即交换
        R. data[0] = R. data[j];
        R. data[j] = R. data[j - 1];
        R. data[j - 1] = R. data[0];
        NoSwap = true;             //说明有交换
    }
    for(j = i + 1;j < = n - i;j ++)         //自顶向下扫描
      if(R. data[j]. key > R. data[j + 1]. key) {
        R. data[0] = R. data[j];
        R. data[j] = R. data[j + 1];
        R. data[j + i] = R. data[0];
        NoSwap = true;        //说明有交换
    }
    i = i + 1;
  }
}
```

8.3.2 快速排序

快速排序又称为划分交换排序。快速排序是对冒泡排序的

一种改进，在冒泡排序中，进行记录关键字的比较和交换是在相邻记录之间进行的，记录每次交换只能上移或下移一个相邻位置，因而总的比较和移动次数较多；在快速排序中，记录关键字的比较和交换是从两端向中间进行的，待排序关键字较大的记录一次就能够交换到后面单元中，而关键字较小的记录一次就能够交换到前面单元中，记录每次移动的距离较远，因此，总的比较和移动次数较少，速度较快，故称为"快速排序"其基本思想如下：

首先在当前无序区 data[low..high]中任取一个记录作为排序比较的基准(不妨设为 x)，用此基准将当前无序区划分为两个较小的无序区，分别是 data[low..$i-1$]和 data[$i+1$..high]，并使左边的无序区中所有记录的关键字均小于等于基准的关键字，右边的无序区中所有记录的关键字均大于等于基准的关键字，而基准记录 x 则位于最终排序的位置 i 上，即 data[low..$i-1$]中的关键字≤x.key≤data[$i+1$..high]中的关键字。这个过程称为一趟快速排序(或一次划分)。当 data[low..$i-1$]和 data[$i+1$..high]均非空时，分别对它们进行上述的划分，直到所有的无序区中的记录均已排好序为止。

一趟快速排序的具体操作如下：

设两个指针 i 和 j，它们的初值分别为 low 和 high，基准记录 x=data[i]，首先从 j 所指位置起向前搜索找到第一个关键字小于基准 x.key 的记录存入当前 i 所指向的位置上，i 自增 1，然后再从 i 所指位置起向后搜索，找到第一个关键字大于x.key的记录存入当前 j 所指向的位置上，j 自减 1；重复这两步直至 i 等于 j 为止。

一次划分算法成员函数 Partition 的具体实现如下：

```
int SeqList::Partition(int i,int j)
```

```
{   //对data[i]…data[j]区间内的记录进行一次划分
        排序
    RecNode x = data[i];
                            //用区间的第一个记录为基准
    while(i < j) {
        while(i < j&&data[j].key > = x.key)
            j - -;      //从 j 所指位置起向前(左)搜索
        if(i < j) {
            data[i] = data[j];
            i ++;
        }
        while(i < j&&data[i].key < = x.key)
            i ++;       //从 i 所指位置起向后(右)搜索
        if(i < j){
            data[j] = data[i];
            j - -;
        }
    }
    data[i] = x
                //基准记录 x 位于最终排序的位置 i 上
    return i;
}
```

有了一趟划分算法之后，可以直接定义 C++ 函数调用它以完成快速排序的递归算法：

```
void QuickSort(SeqList &R,int iow,int high)
{  //对顺序表 R 中的子区间进行快速排序
    if(iow < high){                //长度大于 1
```

```
        int p = R.Partition(iow,high);
                    //做一次划分排序
        QuickSort(R,low,p-1);
                                        //对左区间递归排序
        QuickSort(R,p+1,high);
                                        //对右区间递归排序
    }
}
```

如果需要对整个记录文件(数组)data[1..n]进行快速排序,只要调用QuickSort(R,1,n)即可。从排序结果可以说明,快速排序是不稳定的。一般说来快速排序有非常好的时间复杂度,它优于其他各种排序算法。可以证明,对n个记录进行快速排序的平均时间复杂度为$O(n\log_2 n)$。但是,当待排序文件的记录已按关键字有序或基本有序时(递增或递减有序),复杂度反而增大了。原因是在第一趟快速排序中,经过$n-1$次比较后,第一个记录仍定位在它原来的位置上,并得到一个包含$n-1$个记录的子文件;第二次递归调用,经过$n-2$次比较,第二个记录仍定位在它原来的位置上,从而得到一个包括$n-2$个记录的子文件;依此类推。最后得到排序的总比较次数为

$$\sum_{i=1}^{n-1}(n-i)=n(n-i)/2=n^2/2$$

这使得快速排序转变成冒泡排序,其时间复杂度为$O(n^2)$。在这种情况下,可以对排序算法加以改进。从时间上分析,快速排序比其他排序算法要快,但从空间上来看,由于快速排序过程是递归的,因此需要一个栈空间来实现递归,栈的大小取决于递归调用的深度。若每一趟排序都能使待排序文件比较均匀地分割成两个子区间,则栈的最大深度为$\lceil\log_2 n\rceil+1$,即使在最坏情

况下,栈的最大深度也不会超过 n。因此,快速排序需要附加空间,空间复杂度为 $O(\log_2 n)$。

8.4 选择排序

每一趟在待排序的记录中选出关键字最小的记录二依次存放在已排好序的记录序列的最后,直到全部记录排序完为止,这种排序方法称为选择排序。接下来,我们将直接选择排序和堆排序两种选择排序方法详细分析如下。

8.4.1 直接选择排序

1.使用顺序表存储结构实现直接选择排序

直接选择排序是一种简单的排序方法,其基本思想如下:

每次从待排序的无序区中选择出关键字值最小的记录,将该记录与该区中的第一个记录交换位置。初始时,data[1..n]为无序区,有序区为空。第一趟排序是在无序区 data[1..n]中选出最小的记录,将它与 data[1]交换,data[1]为有序区;第二趟在无序区 data[2..n]中选出最小的记录与 data[2]交换,此时 data[1..2]为有序区;依次类推,做 $n-1$ 趟排序后,区间 data[1..n]中记录按递增有序。

下面是 SelectSort 成员函数实现直接选择排序的算法描述:

```
void SeqList::SelectSort()
{  //对 data 做直接选择排序
   int i,j,k;
   for(i=1;i<length;i++){        //做 n-1 趟排序
      k=i;
      //设 k 为第 i 趟排序中关键字最小的记录位置
```

```
            for(j=i+1;j<=length;j++)
                if(data[j],key<data[k].key)
                    k=j;
                if(k!=i){              //与第 i 个记录交换
                    data[0]=data[i];
                    data[i]==data[k];
                    data[k]=data[0];
                }
            }
    }
```

通过上述的例子可以看到,在直接选择排序中,共需要进行 $n-1$ 次选择和交换,无论待排序记录初始状态如何,每次选择需要做 $n-i$ 次比较,而每次比较需要移动 3 次。因此,总比较次数是

$$\sum_{i=1}^{n-1}(n-i)=\frac{n(n-1)}{2}$$

次,总移动次数(最大值)是 $3(n-1)$次。

由此可见,直接选择排序的平均时间复杂度为 $O(n^2)$。由于在直接选择排序中存在不相邻记录之间的交换,因而可能会改变具有相同关键字记录的前后位置,所以此排序方法是不稳定的。

2. 使用链式存储结构实现直接选择排序

假设采用单链表作为存储结构,并采用如下两种方法实现:

①交换结点的数据域和关键字域值。

②使用重新建立一个新表的方法。

排序前要先建立链表。假设想用数字 0 作为建立链表的结束标志,就要再设计一个成员函数实现这一功能。将这三个成

员函数加已经设计的线性链表的头文件 LList. h 中即可。下面给出三个成员函数在头文件中的原型声明和实现方法:

```
void CreateListRl( ) ;        //建立排序数据的链表
void LselectSortl( ) ;
                    //交换结点的数据域和关键字域值的算法
void LselectSort2( LinkList < T >  &T) ;
                    //将数据加入到一个新链表中的排序算法
```

接下来,我们给出这三个成员的算法:

(1)建立链表的算法

这个成员函数用于接收要排序的数据,输入数据以数字0作为结束符。

```
template < class T >
void LinkList < T > : : CreateListRl( )
{    ListNode < T > * s, * rear = NULL;
     //尾指针初始化
     T ch;cin >> ch;
     while( ch!  =0) {
                    //读入数据不是结束标志符时做循环
          s = new ListNode < T > ;              //申请新结点
          s - > data = ch;                       //数据域赋值
          if( head = = NULL)
               head = s;
          else
               rear - > next = s;
          rear = s;
          cin >> ch;               //读入下一个数据
     }
```

```
    rear - >next = NULL;//表尾结点指针域置空值
}
```

(2)交换结点的数据域和关键字域值的算法

它是对要排序的链表通过交换结点的数据域和关键字域值的方法实现直接排序算法。

```
template < class T >
void LinkList < T > : : Lselectsortl( )
{  //先找最小的和第一个结点交换,再找次小的和第二
     个结点交换,依次类推
    ListNode < T >  * p, * r, * s;
    ListNode < T > q; p = head;
    while( p!  = NULL) {    //假设链表不带头结点
        s = p;
        //s 为保存当前关键字值最小的结点的地址指针
        r = p - > next;
        while( r!  = = NULL)  {
            if( r - > data < s - > data)
                s = r;
            r = r - > next;     //比较下一个
        }
        if( s!  = p) {
            q = < * p) ;        //整个结点记录赋值
            p - > data = s - > data;
            p - > data:s - > data;
            s - > data = q. data; s - > data = q. data;
        }
        p = p - > next;             //指向下一个结点
```

```
    }
}
```

(3)将数据加入到一个新链表中的排序算法

按直接选择排序算法思想,每次选择到最大的结点后,将其脱链并加入到一个新链表中(头插法建表),这样可避免结点域值交换,最后将新链表的头指针返回。

```
template < class T >
void LinkList < T > : : LselectSort2( LinkList < T >  &T)
{    //找最大的作为新表的第一个结点,找次大的作为第
       二个结点,依次类推
    ListNode < int > * p, * q, * r, * S, * t;
    t = NULL;      //置空新表
    while( head!  = NULL)     {
        s = head;  //先假设 s 指向关键字值最大的结点
        p = head;q = NULL;   //q 指向 p 的前驱结点
        r = NULL;   //r 指向 s 的前驱结点
        while( p!  = NULL) {
            if( p - > data > s — > data)
            {//使 s 指向当前关键字值大的结点
                s = p;r = q; //使 r 指向 s 的前一个结点
            }
        q = p;p = p - > next;          //指向后继结点
    }
    if( s = = head)                    //循环前的假设成立
        head = head - > next;   //指向后继结点
    else
        r - > next = s - > next;       //删除最小结点
```

```
        s->next=t;t=s;              //插入新结点
    }
    T.head=t;
}
```

8.4.2　堆排序

堆排序是对直接选择排序法的一种改进。从前面的讨论中可以看到，采用直接选择排序时，为了从 n 个关键字中找最小关键字需要进行 $n-1$ 次比较，然后再在余下的 $n-1$ 个关键字中找出次小关键字，需要进行 $n-2$ 比较。事实上，在查找次小关键字所进行的 $n-2$ 次比较中，有许多比较很可能在前面的 $n-1$ 次比较中已做过，只是当时并没有将这些结果保存下来，因此，在后一趟排序时又重复进行了这些比较操作。树形排序可以克服这一缺点。

堆排序是一种树形选择排序，它的基本思想如下：

在排序过程中，将记录数组 data[1..n]看成是一棵完全二叉树的顺序存储结构，利用完全二叉树中双亲结点和孩子结点之间的内在关系，在当前无序区中选择关键字最大（或最小）记录。

堆的定义如下：

n 个记录的关键字序列 $k_1,k_2,\cdots,k_n$ 称为堆，当且仅当满足以下关系

$$k_i \leqslant k_{2i} \text{ 且 } k_i \leqslant k_{2i+1}, 1 \leqslant i \leqslant \lfloor n/2 \rfloor$$

或

$$k_i \geqslant k_{2i} \text{ 且 } k_i \geqslant k_{2i+1}, 1 \leqslant i \leqslant \lfloor n/2 \rfloor$$

前者称为小根堆，后者称为大根堆。

堆排序正是利用大根堆（或小根堆）来选取当前无序区中

关键字最大(或最小)的记录实现排序的。每一趟排序的操作是将当前无序区调整为一个大根堆,选取关键字最大的堆顶记录,将它和无序区中最后一个记录交换,这正好与选择排序相反。堆排序就是一个不断建堆的过程。

因此,堆排序的关键就是如何构造堆,其具体做法如下:

把待排序的文件的关键字存放在数组 data[1..n]之中,将 R 看成一棵完全二叉树的存储结构,每个结点表示一个记录,源文件的第一个记录 data[1]作为二叉树的根,以下各记录 data[2..n]依次逐层从左到右顺序排列,构成一棵完全二叉树,任意结点 data[i]的左孩子是 data[$2i$],右孩子是 data[$2i+1$],双亲是 data[$i/2$]。这里假设建大根堆,假如完全二叉树的某一个结点 i 的左子树、右子树已经是堆,只需要将 data[$2i$].key 和 data[$2i+1$].key 中的较大者与 data[i].key 比较,若 data[i].key 较小则交换,这样有可能破坏下一级的堆,于是继续采用上述方法构造下一级的堆,直到完全二叉树中以结点 i 为根的子树成为堆。此过程就像过筛子一样,把较小的关键字逐层筛下去,而较大的被逐层选上来,所以把这种建堆的方法称为筛选法。

成员函数 Sift 用来实现调整为大根堆的算法:

```
void SeqList::Sift(inti,inth)
{  //将 data[i..h]调整为大根堆,假定 data[i]的左、右子
     树均满足堆性质
   int j;
   RecNodex = data[i];
               //把待筛结点暂存于 x 中
   j = 2 * i;             //data[j]是 data[i]的左孩子
   while(j <= h){
               //当 data[i]的左孩子不空时执行循环
```

```
        if(j < h&&data[j].key < data[j+1].key)
          j++;
          //若右孩子的关键字较大,j 为较大右孩子的
            下标
      if(x.key >= data[j].key)
          break;          //找到 x 的最终位置,终止循环
      data[i] = data[j];  //将 data[j]调整到双亲位置上
      i = j;j = 2 * i;
                //修改 i 和 j 的值,使 i 指向新的调整点
      }
      data[i] = x;
                          //将被筛结点放入最终的位置上
}
```

根据堆的定义和上面的建堆过程可以知道,序号为 1 的结点 data[1](即堆顶),是堆中 n 个结点中关键字最大的结点。因此堆排序的过程比较简单,首先把 data[1]与 data[n]交换,使 data[n]为关键字最大的结点,接着对 data[1..n]中的结点进行筛选,又得到 data[1]为当前无序区 data[1..$n-1$]中具有最大关键字的结点,再把 data[1]与当前无序区内最后一个结点 data[$n-1$]交换,使 data[$n-1$]为次大关键字结点,依次这样,经过 $n-1$ 次交换和筛选运算之后,所有结点成为递增有序,即排序结束。

设计的友元函数 HeapSort 用来调用成员函数 Sift 实现堆排序算法:

```
void HeapSort(SeqList &R,int n)
{  //对 data[1..n]进行堆排序,设 data[0]为暂存单元
   for(int i = n/2;i > 0;i--)
```

```
        R. Sift(i,n); //对初始数组 data[1..n]建大根堆
    for(i = n;i > l;i - - ){
                    //对 data[1..i]进行堆排序,共 n-1 趟
        R. data[0] = R. data[1];
        R. data[1] = R. data[i];
        R. data[i] = R. data[0];            //交换
        R. Sift(1,i-1);
                    //对无序区 data[1..i-1]建大根堆
    }
}
```

在堆排序中,需要进行 $n-1$ 趟选择,每次从待排序的无序区中选择一个最大值(或最小值)的结点,而选择的方法是在各子树已是堆的基础上对根结点进行筛选运算,其时间复杂度为 $O(\log_2 n)$,所以整个堆排序的时间复杂度为 $O(n\log_2 n)$。显然,堆排序比直接选择排序的速度快得多。

8.5 归并排序

首先将待排序文件看成为 n 个长度为 1 的有序子文件,把这些子文件两两归并,得到[$n/2$]个长度为 2 的有序子文件;然后再把这[$n/2$]个有序的子文件两两归并;如此反复,直到最后得到一个长度为 n 的有序文件为止,这种排序方法称为二路归并排序。

二路归并排序中的核心操作是将数组中前后相邻的两个有序序列归并为一个有序序列,函数 Merge 在头文件中声明为友元函数,其算法实现如下:

```
void Merge(SeqList &R,SeqList&MR,int low,int m,int high)
```

```
{   //对有序的R.data[low..m]和R.data[m+1..high]
      归并为有序的MR.data[low..high]
    int i,j,k;
    i=low;j=m+1;k=low;       //初始化
    while(i<=m&&j<=high)
        if(R.data[i].key<=R.data[j].key)
            MR.data[k++]=R.data[i++];
        else
            MR.data[k++]=R.data[j++];
    while(i<=m)
        MR.data[k++]=R.data[i++];
                  //将R[low..m]中剩余的复制到MR中
    while(j<=high)
        MR.data[k++]=R.data[j++];
              //将R[m+1..high]中剩余的复制到MR中
}
```

一趟归并排序的基本思想如下：

在某趟归并中，设各子文件长度为len(最后一个子文件的长度可能会小于len)，则归并前R.data[1..n]中共有[n/len]个有序子文件。调用归并操作对子文件进行归并时，必须对子文件的个数可能是奇数和最后一个子文件的长度可能小于len这两种特殊情况进行处理。若子文件个数为奇数，则最后一个子文件无须和其他子文件归并；若子文件个数为偶数，则要注意最后一对子文件中后一个子文件的区间上界为n。

一趟归并排序算法函数MergePass也被设计为友元函数，它通过调用友元函数Merge实现具体的一趟归并排序算法：

```
void MergePass(SeqList &R,SeqList &MR,int len,int n)
```

```
{   //对 R.data[1..n]做一趟归并排序
    int i,j;
    for(i=1;i+2*len-1<=n;i=i+2*len)
        Merge(R,MR,i,i+len-1,i+2*len-1);
    if(i+len-1<n)
    //尚有两个子文件,其中最后一个长度<len,其上界为 n
        Merge(R,MR,i,i+len-1,n);
    else
        for(j=i;j<=n;j++)
        MR.data[j]=R.data[j];
   //文件个数为奇数,最后一个子文件直接复制到 MR 中
}
```

为了实现整个归并排序算法,设计一个函数 Mergesort,使用 SeqList 类对象的引用作为传递参数,调用友元函数 MergePass 实现归并排序:

```
void Mergesort(SeqList &R,SeqList &MR,int n)
{  //对 R.data[1..n]进行归并排序
   int len=1;
   while(1en<n) {
        MergePass(R,MR,len,n);
        len=len*2;
        MergePass(MR,R,len,n);
        len=len*2;
   }
}
```

二路归并排序的过程需要进行$\lfloor \log_2 n \rfloor$趟。每一趟归并排序的操作,就是将两个有序子文件进行归并,而每一对有序子文件归并时,记录的比较次数均小于等于记录的移动次数,记录移

动的次数均等于文件中记录的个数 n,即每一趟归并的时间复杂度为 $O(n)$。因此,二路归并排序的时间复杂度为 $O(n\log_2 n)$。

二路归并排序是稳定的,因为在每两个有序子文件归并时,若分别在两个有序子文件中出现具有相同关键字的记录时,Merge 算法能够使前一个子文件中同一关键字的记录先复制,而后一子文件中的后复制,从而确保它们的相对次序不会改变。

8.6 基数排序

前面介绍的排序方法都是对一般意义上的元素进行的。基数排序则是针对特殊的待排序序列进行的。当待排序元素是多位数整数时,采用基数排序效率较高。基数排序的思想如下:

设待排序的关键字是 m 位 d 进制整数(不足 m 位可在高位补0),设置 d 个"桶"并给各个"桶"编上序号0,1,,2,…,$d-1$。首先按关键字最低位的数把各元素放置在对应序号的"桶"中,然后按照"桶"的序号和"桶"内元素的进入顺序收集各"桶"中的元素,完成一趟基数排序过程,此时所有待排序元素的关键字的最低位已有序。对这一结果继续按照关键字的次低位再把元素分散到各"桶"中,然后用同样的方法收集,完成第二趟基数排序过程,此时所有待排序元素的关键字的最低两位已有序。这样依次进行下去,直到完成第 m 趟基数排序过程,所得到的序列就是一个有序序列。

基数排序的算法是通过如下两个操作来实现的。

①分散,用指针 p 指向每个"桶"构成的单链表的表尾。在做第 i 趟分散操作时,先找到每个元素关键字的第 i 位的数字 k,再将该元素插入到第 k 个链队列末尾。

②收集,收集过程是从第一个非空队列开始,把所有元素连接起来。

对于一个线性序列(70,32,79,91,70,15,21,43),利用基数

排序的方法,把它按照从小到大的顺序排序。基数排序过程如图8-2所示。

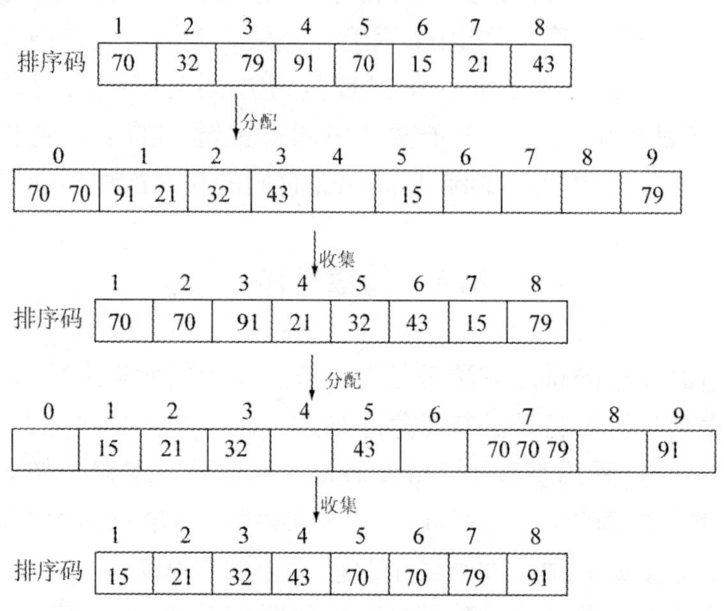

图8-2 顺序表示的基数排序

显然,从分散和收集的过程中可以看出,“桶”是一种先进先出的线性结构,即队列。对 n 个 d 进制元素进行一趟基数排序的时间复杂度为 $O(n+d)$。如果每个关键字有 m 位数,则要执行皿遍循环,所以总的时间复杂度为 $O(m*(n+d))$。基数排序是一种稳定的排序算法。

8.7 各种内排序方法的比较和选择

1. 各种内排序方法的比较

评估一个排序方法的好坏,除了考虑排序的时间及空间外,尚需考虑稳定性、最坏状况和程序的编写难易程度等。例如,基数排序法虽然平均效益最好但却需要大量的额外空间;快速排序法虽然很快,但在某些时候效率却与插入排序法差不多;冒泡排序法虽然效率不高，但却常常被使用，因为程序好写易懂。如表8-1所示，列出了各种内排序方法的比较。

表8-1　各种内排序方法的比较

排序方法	最好时间	平均时间	最坏时间	辅助空间	稳定性
直接插入	$O(n)$	$O(n^2)$	$O(n^2)$	$O(1)$	稳定
直接选择	$O(n^2)$	$O(n^2)$	$O(n^2)$	$O(1)$	不稳定
冒泡	$O(n)$	$O(n^2)$	$O(n^2)$	$O(1)$	稳定
希尔		$O(n^{1.25})$		$O(1)$	不稳定
快速	$O(nlog_2n)$	$O(nlog_2n)$	$O(n^2)$	$O(nlog_2n)$	不稳定
堆	$O(nlog_2n)$	$O(nlog_2n)$	$O(nlog_2n)$	$O(1)$	不稳定
归并	$O(nlog_2n)$	$O(nlog_2n)$	$O(nlog_2n)$	$O(n)$	稳定
基数	$O(d*n+d*rd)$	同左	亦同左	$O(n+rd)$	稳定

因为不同的排序方法适应不同的应用环境和要求，所以选择合适的排序方法应综合考虑下列因素：

①待排序的记录数目。

②记录的大小（每个记录的规模）。

③关键字的结构及其初始状态。

④对稳定性的要求。

⑤语言工具的条件。

⑥存储结构。

⑦时间复杂度和辅助空间复杂度等。

2. 不同条件下排序方法的选择

同条件下排序方法的选择一般遵守如下原则：

①若 n 较小（如 $n\leqslant50$），可采用直接插入或线性选择排序。

②若文件初始状态基本有序（指正序），则应选用直接插入排序、冒泡排序或随机的快速排序为宜；选择排序无须等待所有元素排序后就可以选出符合条件的若干个元素，并且选择排序

的比较次数与问题的初始状态无关。

③若 n 较大，则应采用时间复杂度为 $O(n\log_2 n)$ 的排序方法，如快速排序、堆排序或归并排序。快速排序是目前基于比较的内排序中被认为是最好的方法，当待排序的键是随机分布时，快速排序的平均时间最短；堆排序所需的辅助空间少于快速排序，并且不会出现快速排序可能出现的最坏情况。这两种排序都是不稳定的。若要求排序稳定，则可选用归并排序。

④在基于比较的排序方法中，每次比较两个关键字的大小之后，仅仅出现两种可能的转移，因此可以用一棵二叉树来描述比较判定过程。当文件的 n 个关键字随机分布时，任何借助于“比较”的排序算法，至少需要 $O(n\log_2 n)$ 的时间。桶排序和基数排序只需一步就会引起 m 种可能的转移，即把一个记录装入 m 个桶之一，因此在一般情况下，桶排序和基数排序可能在 $O(n)$ 时间内完成对 n 个记录的排序。但是，桶排序和基数排序只适用于像字符串和整数这类有明显结构特征的关键字，而当关键字的取值范围属于某个无穷集合（例如实数型关键字）时，无法使用这两种排序，这时只有借助于“比较”的方法来排序。[①]

⑤有的语言没有提供指针及递归，导致实现归并排序、快速排序和基数排序等排序算法变得很复杂。此时可考虑用其他排序。

⑥在排序算法输入数据均存储在一个向量中的情况下。当记录的规模较大时，为避免耗费大量的时间去移动记录，可以用链表作为存储结构。但有的排序方法在链表上却难于实现，在时，可以提取键建立索引表，然后对索引表进行排序。然而更为简单的方法是，引入一个整型向量 t 作为辅助表，排序前令 t[i] = i($0 \leq i < n$)，若排序算法中要求交换 R[i] 和 R[j]，则只需交换 t[i] 和 t[j] 即可，排序结束后，向量 t 就指示了记录之间的顺序关

① 余腊生. 数据结构:基于C++模板类的实现. 北京:人民邮电出版社,2008

系，即

$$R[t[0]].key \leqslant R[t[1]].key \leqslant \cdots \leqslant R[t[n-1]].key$$

若要求最终结果是

$$R[0].key \leqslant R[1].key \leqslant \cdots \leqslant R[n-1].key$$

则可以在排序结束后，再按辅助表所规定的次序重排各记录，完成这种重排的时间是 $O(n)$。

参考文献

[1]缪淮扣,顾训穰,沈俊.数据结构:C++实现.北京:科学出版社,2002

[2]叶核亚.数据结构:C++版(第3版).北京:电子工业出版社,2014

[3]任燕.数据结构:C++语言描述.北京:清华大学出版社,2011

[4]徐超,康丽军.算法与数据结构(C++版).北京:北京大学出版社,2007

[5]苏仕华,刘燕军,刘振安.数据结构:C++语言描述.北京:机械工业出版社,2014

[6]辛运帏,陈有祺.数据结构:C++语言描述.北京:机械工业出版社,2012

[7]陈慧楠.数据结构:使用C++语言描述(第2版).北京:人民邮电出版社,2008

[8]许乐平.数据结构:C++描述.北京:中央广播电视大学出版社,2006

[9]余腊生.数据结构:基于C++模板类的实现.北京:人民邮电出版社,2008

[10]熊岳山.数据结构(C++描述).北京:清华大学出版社,2012

[11]李根强.数据结构:C++描述.北京:中国水利水电出版社,2001

[12]王晓东.算法设计与分析.北京:清华大学出版社,2003

[13]熊岳山,刘越.数据结构与算法.北京:电子工业出版社,2007

[14]张铭,王腾蛟,赵海燕.数据结构与算法.北京:高等教育出版社,2008

[15]高一凡.数据结构算法实现与解析.西安:西安电子科技大学出版社,2002

[16]SahniS.数据结构算法与应用:C++语言描述(英文版).北京:机械工业出版社,1999

[17]朱战立.数据结构(C++语言描述).北京:高等教育出版社,2004

[18]陈慧楠.算法设计与分析.北京:电子工业出版社,2006

[19]张乃孝,裘宗燕.数据结构:C++与面向对象的路径.北京:高等教育出版社,1998

[20]陈明.数据结构(C++版).北京:清华大学出版社,2005

[21]张晓蕾.数据结构与算法(C++版).北京:人民邮电出版社,2005

[22]刘冬.数据结构与面向对象程序设计——C++版(第3版).北京:清华大学出版社,2004